高等院校计算机教育"十二五"规划教材

大学计算机应用项目教程——Windows 7+WPS 2013

陈荣旺　刘瑞军　主　编

蔡闯华　卢荣辉　罗冬梅　林　颖　副主编

中国铁道出版社

CHINA RAILWAY PUBLISHING HOUSE

内 容 简 介

本书由武夷学院计算机基础教研室根据实际教学需求编写而成,在编写过程中贯穿"以企业需求为导向,以项目案例为主导,以应用能力为核心"的理念,采用模块化的编写方式。

本书按基础应用分为 6 个模块,主要内容包括:计算机系统、Windows 7 基本操作、WPS 文字处理、WPS 电子表格、WPS 演示文稿、Internet 应用与计算机安全。每个模块都精选若干项目作为载体,统一以"项目描述→解决方案(项目分析)→项目分解→任务(任务涉及的主要知识点→任务实现过程)"的结构进行编排,在任务的实现过程中掌握知识点的应用,打破传统的教材体系结构。

本书适合作为应用型本科高校或高职院校非计算机专业计算机公共课程的教材或教学参考书,也可作为计算机应用培训用书及自学参考书。

图书在版编目(CIP)数据

大学计算机应用项目教程:Windows 7+WPS 2013/
陈荣旺,刘瑞军主编. —北京:中国铁道出版社,
2014.8(2018.12重印)
高等院校计算机教育"十二五"规划教材
ISBN 978-7-113-18954-9

Ⅰ. ①大… Ⅱ. ①陈… ②刘… Ⅲ. ①Windows 操作系统-高等学校-教材②办公自动化-应用软件-高等学校-教材 Ⅳ. ①TP316.7②TP317.1

中国版本图书馆 CIP 数据核字(2014)第 182252 号

书　　名:大学计算机应用项目教程——Windows 7+WPS 2013
作　　者:陈荣旺　刘瑞军　主编

策　　划:张围伟
责任编辑:祁　云　冯彩茹
封面设计:付　巍
封面制作:白　雪
责任校对:汤淑梅
责任印制:郭向伟

出版发行:中国铁道出版社(100054,北京市西城区右安门西街 8 号)
网　址:http://www.tdpress.com/51eds/
印　刷:三河市兴博印务有限公司
版　次:2014 年 8 月第 1 版　　　　2018 年 12 月第 9 次印刷
开　本:787 mm×1 092 mm　1/16　印张:14.5　字数:329 千
印　数:1 6701~18000 册
书　号:ISBN 978-7-113-18954-9
定　价:31.00 元

前　言

随着信息技术和互联网技术的不断发展，计算机的应用已渗透到人类社会的各个领域。大学计算机作为高等院校非计算机专业的基础课程，一直起着普及和引导的作用。随着中小学信息技术教学改革的不断深化，大学计算机课程学时受限，而计算机技术与其他学科融合的脚步却在加快，工作岗位对毕业生计算机应用能力的要求有增无减，这样的矛盾对高校计算机基础教育提出了新的要求和挑战。为此，我们积极开展了以应用为目标，构建基于能力要求知识结构的分类分层次计算机公共课程体系，采用"1+1+X"课程方案，以"项目引导、任务驱动，自主研学、网络助学，平台开放、科学测评"为指导的课程教学探索与改革，通过项目体系构建课程整体教学布局。

本书的编写以项目依托，共分为 6 个模块，分别是：计算机系统、Windows 7 基本操作、WPS 文字处理、WPS 电子表格、WPS 演示文稿、Internet 应用与计算机安全。

本书特点如下：

（1）精选了众多面向实际应用需求的典型项目案例，形成一个循序渐进、种类多样的项目群，以项目体系构建整体教学布局，以项目群覆盖知识面，突出项目的实用性、完整性和趣味性，从而激发学生学习的主动性和积极性。

（2）以项目为依托，将一个综合项目分解成若干任务，内容由浅入深、逐级递进，充分考虑学生掌握基础知识差异大的问题。具体编排过程采用"项目描述→解决方案（项目分析）→项目分解→任务的结构，在任务的实现过程中掌握知识点的应用，打破了原有的教材体系结构。

（3）各模块均附有课后练习，以进一步加强知识的巩固与应用。

本书由福建武夷学院计算机基础教研室成员共同编写完成，由陈荣旺、刘瑞军任主编，蔡闽华、卢荣辉、罗冬梅、林颖任副主编；吴发辉、孙平安、张顺等老师参加了编写、修订与讨论。本书的编写得到了武夷学院熊孝存副教授、郑细鸣教授以及中国铁道出版社的指导、支持与帮助，在此一并表示真挚的感谢！本书所用素材请到中国铁道出版社资源网 www.51eds.com 下载。

由于编者水平有限，加之时间仓促，书中难免存在疏漏和不足之处，恳请广大读者和专家批评、指正。

编　者
2014 年 5 月

目　录

模块一 ‖ 计算机系统

21世纪是信息化的时代，计算机在当今社会各行各业都有着广泛的应用。计算机系统由硬件系统和软件系统两部分组成。硬件是指计算机装置，即物理设备。硬件系统是组成计算机系统的各种物理设备的总称，是计算机完成各项工作的物理基础。软件是指用某种计算机语言编写的程序、数据和相关文档的集合，软件系统则是在计算机上运行的所有软件的总称。硬件是软件建立和依托的基础，而软件指示计算机完成特定的工作任务，是计算机系统的灵魂，两者相辅相成、缺一不可。

目标要求

- 掌握计算机系统的组成及其功能部件的作用。
- 掌握计算机软件及其分类。
- 具备一定的微机硬件组装调试和软件系统安装能力。

项目设置

- 微型计算机的组装。
- 操作系统及常用软件的安装。

项目一 计算机的组装

 项目描述

尽管在购买计算机时通常都由商家负责组装与调试，不过对于用户而言，掌握一定的计算机组装和调试能力，不仅有助于更好地识别和了解计算机各功能部件，更方便日后计算机的使用和维护，解决使用过程中出现的一些问题。小明今年上大学了，父母想给他购买一台台式计算机，用于其日常学习、文字处理、图像处理、看视频、听音乐、上网等，预算在3 000～4 000元，现请你帮助小明完成计算机硬件系统的配置及组装。

解决方案

要完成一台计算机硬件系统的配置和组装，首先须了解组成计算机硬件系统的功能部件，根据用户的应用需求和预算范围选购相关部件设备，并按照一定的流程完成计算机硬件系统的组装。

项目分解

在实施过程中，将项目分解为以下两个任务，逐一解决：
- 计算机硬件设备的认识及其选配。
- 计算机硬件的组装。

任务一　计算机硬件设备的认识及其选配

任务涉及的主要知识点

根据冯·诺依曼结构原理，计算机硬件系统一般由运算器、控制器、存储器、输入设备和输出设备五大部分组成，如图 1-1 所示。

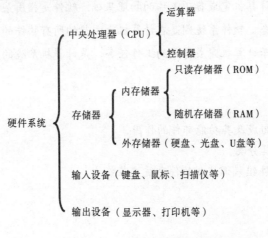

图 1-1　计算机硬件组成

以下从应用的角度，以台式计算机为例，介绍计算机硬件系统。

1．主板

主板（Main Board）也叫母板（Mother Board），是计算机中最大的一块集成电路板，也是其他部件和各种外围设备的连接载体。CPU、内存条、显卡等部件通过相应的插槽安装在主板上，硬盘、光驱等外围设备在主板上也有各自的接口，有些主板还集成了声卡、显卡、网卡等部件，以降低成本。在微型计算机中，所有其他部件和各种外围设备通过主板有机地结合在一起，组成一套完成的系统，主板的性能和稳定性直接影响到计算机的性能和稳定性。目前常见的主板品牌有华硕、技嘉、微星、精英、昂达等。图 1-2 所示是一款典型的华硕主板。

主板主要由下列两部分组成：

（1）芯片：主要有芯片组（北桥芯片和南桥芯片）、BIOS 芯片、若干集成芯片（如声卡、显卡和网卡等）等。

北桥芯片是主板芯片组中起主导作用、最重要的组成部分，负责与 CPU 的联系，并控制内存、AGP、PCI 数据在北桥内部传输，南桥芯片主要负责 I/O 接口控制、IDE 设备（硬盘等）控制以及高级电源管理等。

图 1-2　主板

（2）插槽/接口：主要有 CPU 插槽、内存插槽、PCI 插槽、AGP 插槽、PCI-E 插槽、IDE 接口、SATA 接口、键盘/鼠标接口、USB 接口、并行口、串行口等。

2. 中央处理器（CPU）

CPU 是计算机的核心，由运算器和控制器组成，负责处理、运算计算机内部的所有数据。计算机选用什么样的 CPU 决定了计算机的性能，甚至决定了能够运行什么样的操作系统和应用软件；不同的主板所搭载的 CPU 类型也不尽相同，在购买配件时一定要注意。

目前，市场主流的 CPU 主要由 Intel、AMD 两大厂商生产。图 1-3 所示为 Intel 和 AMD 两款CPU 的外观。

图 1-3　Intel 和 AMD CPU 外观

运算器（Arithmetic and Logic Unit，ALU）是计算机处理数据形成信息的加工厂，它的主要功能是对二进制数码进行算术运算或逻辑运算。算术运算就是加、减、乘、除以及乘方、开方等数学运算，逻辑运算是指逻辑变量之间的运算，即通过与、或、非等基本操作对二进制数进行逻辑判断。计算机之所以能够完成各种操作，最根本的原因是由于运算器的运行。参加运算的数据全部是在控制器的统一指挥下从内存储器中取到运算器中，由运算器完成运算任务。

控制器（Control Unit，CU）是计算机的心脏，由它指挥计算机各个部件自动、协调地工作。控制器的基本功能是根据指定地址从内存中取出一条指令，对指令进行译码，再由操作控制部件有序地控制各个部件完成指令规定的功能。控制器也记录操作中各部件的状态，使计算机能有条不紊地自动完成程序规定的任务。

运算器和控制器通常集成在一块电路板上，合成 CPU。影响 CPU 性能的主要指标主要有：

1）主频

主频是指 CPU 的时钟频率，或者说是 CPU 的工作频率，以赫兹（Hz）为单位。一般来说，主频越高，运算速度越快。但由于内部结构不同，并非所有的时钟频率相同的 CPU 性能都一样。用类比的方法来讲，CPU 的主频就像人走路时步伐节奏的快慢。

2）外频

外频是指系统的时钟频率，或者说是系统总线的工作频率，CPU 与外围设备传输数据的频率，具体是指 CPU 到芯片组之间的总线频率。

3）前端总线

前端总线是 CPU 与北桥芯片之间的总线，是 CPU 和外界数据交换的唯一通道。前端总线的数据传输能力对计算机整体性能影响很大，如果没有足够快的前端总线，性能再好的 CPU 也不能明显提高计算机整体性能。

4）字长和位数

在计算机中，作为一个整体参与运算、处理和传送的一串二进制数称为一个字，组成"字"的二进制位数称为字长，字长等于通用寄存器的位数。

5）高速缓存

随着 CPU 主频的不断提高，CPU 的速度越来越快，内存存取数据的速度无法与 CPU 主频速度相匹配，使得 CPU 与内存之间交换数据时不得不等待，从而影响系统整体的性能与数据处理吞吐量。为了解决内存速度与 CPU 速度不匹配的这一矛盾，现代计算机在 CPU 与内存之间设计了一个容量较小（相对主存）但速度较快（接近于 CPU 速度）的高速缓冲存储器，简称高速缓存（Cache）。计算机在运行时将内存的部分内容复制到 Cache 中，当 CPU 读、写数据时，首先访问 Cache，如果 CPU 所要读取的目标内容在 Cache 中（这种情况成为命中），CPU 则直接从 Cache 中读取。当 Cache 中没有所需的数据时，CPU 才去访问内存。Cache 的存取速度较快，缩短了 CPU 与其交换数据的等待时间，可以提高数据的存取速度。

6）核心数

自从 1971 年 Intel 公司推出 Intel 4004 以来，CPU 一直通过不断提高主频来提高性能，然而，如今主频之路已经走到拐点，因为 CPU 的频率越高，所需要的电能就越多，所产生的热量也就越多，从而导致各种问题的出现。为此，工程师们开发了多核心片，即在单一芯片上集成多个功能相同的处理器核心，以提高 CPU 的性能。

7）制造工艺

制造工艺是指 CPU 内晶体管门电路的尺寸或集成电路与电路之间的距离，单位是微米（μm）和纳米（nm）。制作工艺技术的不断提高，使得 CPU 中所集成的晶体管数量越来越多，从而使 CPU 的功能与性能得到大幅提高。

3．内存储器

内存储器（简称内存）是 CPU 能够直接访问的存储器。用于存放正在运行的程序和数据。内存储器可分为 3 种类型：随机存储器（RAM）、只读存储器（ROM）和高速缓冲存储器（Cache）。人们通常所说的内存是指 RAM。常见的 RAM 品牌有金士顿、金泰克、威刚、海盗船等。

RAM 的主要特点是数据存取速度较快，存入的内容可以随时读出或写入，但断电后 RAM 中的数据将会丢失。RAM 的主要性能指标有存储容量和存储速度。内存容量越大，"记忆"能力越强；存储速度越快，程序运行的速度也越快。

ROM 中的信息一般由计算机制造厂商写入并经过固化处理，用户是无法修改的。即使断电，ROM 中的信息也不会丢失。因此，ROM 中一般存放计算机系统管理程序，如监控程序、基本输入/输出系统模块 BIOS 等。

高速缓冲存储器（Cache）主要是为解决 CPU 和内存 RAM 速度不匹配，提高存储速度而设计的。

> **○说明**
>
> 存储器容量是指存储器中最多可存放二进制（请参考 1.3.2 节）数据的总和，其基本单位是字节（byte，缩写为 B），每个字节包含 8 个二进制位（bit，缩写为 b）。为方便描述，存储器容量通常用千字节（KB）、兆字节（MB）、吉字节（GB）、太字节（TB）、拍字节（PB）、艾字节（EB）等单位表示。它们之间的关系是：
>
> 1 B=8 bit
> 1 KB=1 024 B=2^{10} B
> 1 MB=1 024 KB=2^{10} KB
> 1 GB=1 024 MB=2^{10} MB
> 1 TB=1 024 GB=2^{10} GB
> 1 PB=1 024 TB=2^{10} TB
> 1 EB=1 024 PB=2^{10} PB

4．外存储器

随着信息技术的发展，信息处理的数据量越来越大。但内存容量毕竟有限，这就需要配置另一类存储器——外存。外存可以存放大量信息，且断电后数据不会丢失。一般外存储器的容量相对于内存器的容量要大得多，但存取数据较慢。常见的外存储器有软盘、硬盘、光盘和 U 盘等，其中软盘已经被淘汰。

需要注意的是，任何一种存储技术都包括两个部分：存储设备和存储介质。存储设备是在存储介质上记录和读取数据的装置，例如硬盘驱动器、DVD 驱动器等。有些技术的存储介质和存储设备是封装在一起的，如硬盘和硬盘驱动器。有些技术的存储介质和存储设备是分开的，如 DVD 光盘和 DVD 驱动器。

1）硬盘

硬盘是计算机主要的存储媒介之一，由一个或者多个铝制或者玻璃制的碟片组成，这些碟片表层覆盖有铁磁性材料。绝大部分微型计算机以及许多数字设备都配置硬盘，主要原因是存储容量大、存储速度快且经济实惠。硬盘的正面和反面示意图如图1-4所示。

硬盘分为固态硬盘（SSD）和机械硬盘（HDD）；SSD采用闪存颗粒来存储，HDD采用磁性碟片来存储。硬盘的接口主要有IDE（并口）和SATA（串口）两种。SATA接口的硬盘是目前通用的接口，数据传输速度比IDE接口的硬盘的传输速度更快，可靠性高，结构简单并且支持热插拔。

图1-4　硬盘

（1）存储容量。存储容量是硬盘最主要的参数。硬盘的容量现通常以千兆字节（GB）或太兆字节（TB）为单位表示。

（2）转速。转速是硬盘内电动机主轴的旋转速度，也就是硬盘盘片在一分钟内所能完成的最大转数。硬盘的转速越快，硬盘寻找文件的速度也就越快，相应的硬盘数据传输速度也越高。硬盘转速以每分钟多少转来表示，单位表示为 r/min，即转/每分钟。转速值越大，内部传输速率就越快，访问时间就越短，硬盘的整体性能也就越好。普通硬盘的转速一般有 5 400 r/min、7 200 r/min；服务器硬盘的转速通常为 10 000 r/min。

2）光盘

光盘即高密度光盘（Compact Disc），是一种光学存储介质，又称激光光盘。光盘的种类繁多，常见的光盘如图1-5所示。

CD（Compact-Disc）是最普通的光盘，一张CD的容量一般是650 MB。

CD-R（Compact-Disc-Recordable）是在普通光盘上加一层可一次性记录的染色层，可进行刻录写入一次数据。

CD-R　　　　　　　　　DVD-R　　　　　　　　　BD

图1-5　常见的光盘

CD-RW（CD-ReWritable）是在光盘上加一层可改写的染色层，通过激光可在光盘上反复多次写入数据。

DVD（Digital-Versatile-Disk）是数字多用光盘，以 MPEG-2 为标准，拥有 4.7 GB 的大容量，可储存 133 分钟的高分辨率全动态影视节目，包括杜比数字环绕声音轨道，图像和声音质量是 CD 所不及的。

BD（Blu-ray Disc）是 DVD 之后的下一代光盘格式之一，用以存储高品质的影音以及高容量的数据，可称为蓝光光盘。一个单层的蓝光光盘存储容量可以达到 25 GB，多层的蓝光光盘可以达到 200 GB 的超大存储容量。

3）移动存储设备

目前常用的移动存储设备主要有移动硬盘、U 盘、SD 卡等，图 1-6 所示为常见的移动硬盘、U 盘和 SD 卡。

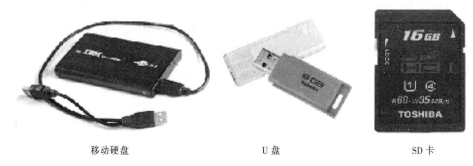

移动硬盘　　　　　　　U 盘　　　　　　　SD 卡

图 1-6　常用的移动存储设备

移动硬盘顾名思义是以硬盘为存储介质，在计算机之间交换大容量数据，强调便携性的存储产品。市场上绝大多数的移动硬盘都是以标准笔记本（2.5 in）硬盘为存储载体的，而只有很少部分的是以微型硬盘（1.8 in 硬盘等）为存储载体的。移动硬盘多采用 USB、IEEE1394 等传输速率较快的接口，可以以较高的速度与系统进行数据传输。USB 2.0 的理论传输速率是 480 Mbit/s，USB 3.0 是 5 Gbit/s，USB 3.0 接口的移动硬盘目前已经上市，大大提高了移动硬盘的存取速度。目前常用移动硬盘的容量主要有 500 GB、1 TB 和 2 TB。

U 盘（USB Flash Disk，USB 闪存驱动器）是一种使用 USB 接口的无须物理驱动器的微型高容量移动存储产品，通过 USB 接口与计算机连接，实现即插即用。相对于移动硬盘，U 盘体积更小，携带方便，使用灵活，容量相对硬盘要小。目前常用 U 盘的容量主要有 8 GB、16 GB 和 32 GB 等。

SD 卡（Secure Digital Memory Card，安全数码卡）是一种基于半导体快闪记忆器的新一代记忆设备，它被广泛应用于便携式装置上，例如数码照相机、个人数码助理（PDA）和多媒体播放器等。犹如一张邮票大小的 SD 记忆卡，重量只有 2 g，但却拥有高记忆容量、高速度数据传输速率、极大的移动灵活性以及很好的安全性；Mini SD 卡相比标准 SD 卡，外形上更加小巧，仅有标准 SD 卡 40% 左右的大小，但接口规范保持不变，确保了兼容性。若将 Mini SD 插入特定的转接卡中，可当作标准 SD 卡来使用；Micro SD 也称 T-Flash 卡 TF 或 T 卡，最早由 SanDisk 推出。T 卡仅有 11 mm×15 mm×1 mm 大小，仅相当于标准 SD 卡的 1/4，比 Mini SD 卡还要小巧，主要用在手机等移动设备上。这几种 SD 卡除大小和接口不同，容量都可以达到 4 GB、8 GB、16 GB 和 32 GB，分别用在不同的场合。

5. 总线与接口

1）总线

在计算机系统中，总线（Bus）是各部件（设备）之间传输数据的公用通道，各部件通过总线连接并通过总线传递数据和控制信号。按照数据传输方式，总线可分为串行总线和并行总线。在串行总线中，二进制数据逐位通过一根数据线发送到目的部件（或设备），常见的串行总线有 RS-232、PS/2、USB 等；在并行总线中，数据线有许多根，故一次能发送多个二进制位，常见的并行总线有 FSB 总线等。从表面上看，并行总线似乎比串行总线快，其实在高频率的情况下串行总线比并行总线更好，因此将来串行总线大有逐渐取代并行总线的趋势。

按照信号的性质，总线一般分为三类：数据总线是用来在存储器、运算器、控制器和 I\O 部件之间传输数据信号的公共通道；地址总线是 CPU 向主存储器和 I\O 接口传送地址信息的公共通道；控制总线用来在存储器、运算器和 I\O 部件之间传输控制信号。

常见的系统总线有 ISA 总线、PCI 总线、AGP 和 EISA 总线等。

2）接口

各种外围设备通过各种适配器或主板上的接口与计算机主机相连。通过接口可以将打印机、扫描仪、U 盘、数码照相机、数码摄像机、移动硬盘、手机等外围设备连接到计算机上。

主板上常见的接口有 PS/2 接口、串行接口、并行接口、USB 接口、IEEE 1394 接口、音频接口和显示接口等。

6. 输入/输出设备

输入和输出设备（又称外围设备）是计算机系统的重要组成部分。各种类型的信息通过输入设备输入到计算机，计算机处理的结果又由输出设备输出。微型计算机常见的输入/输出设备有鼠标、键盘、触摸屏、手写笔、传声器（俗称麦克风）、显示器、打印机、数码照相机、数码摄像机、投影仪、条形码扫描器、指纹识别器等。下面仅简要地介绍微型计算机的一些基本输入/输出设备。

1）键盘

键盘是最常见的计算机输入设备，它广泛应用于微型计算机和各种终端设备上，如图 1-1-7 所示。通过键盘，可以将英文字母、数字和标点符号等输入到计算机中，从而向计算机发出指令、输入数据等。键盘接口主要有 PS/2 接口和 USB 接口。

2）鼠标

鼠标是微型计算机的基本输入设备，也是计算机显示系统纵横坐标定位的指示器，因形似老鼠而得名"鼠标"，如图 1-7 所示。"鼠标"的标准称呼应该是"鼠标器"，英文名"Mouse"。鼠标的使用是为了使计算机的操作更加简便。鼠标接口主要有 PS/2 接口和 USB 接口，笔记本式计算机一般使用 USB 接口的鼠标。

图 1-7　PS/2 键鼠、USB 键鼠

近年来，无线键盘和无线鼠标也越来越多，利用无线技术与计算机通信，从而省去了电线的束缚。其通常采用的无线通信方式包括蓝牙、Wi-Fi (IEEE 802.11)、Infrared (IrDA)、ZigBee (IEEE 802.15.4)等多个无线技术标准。如图 1-8 所示，无线键鼠由电池负责供电，USB 接口的接收器插上计算机主机接收无线信号。

图 1-8　无线键鼠

3）显示器

显示器是计算机必备的输出设备，是用户与计算机交流的桥梁。显示器按其工作原理可分为 CRT（阴极射线管显示器）、LCD（液晶显示器）两种。LCD 显示器具有体积小、重量轻、能耗低等特点，逐渐取代了 CRT 显示器。

显示器的主要技术指标有分辨率、颜色质量以及 CRT 显示器的刷新频率。

分辨率：指显示器上像素的数量。分辨率越高，显示器上的对象就显得越少，但可显示的工作区域就越大。常见的分辨率有 800×600、$1\,024 \times 768$、$1\,280 \times 1\,024$、$1\,600 \times 800$、$1\,920 \times 1\,200$ 像素等。

颜色质量：显示一个像素所占用的位数，单位是位（bit）。颜色位数决定了颜色数量，颜色位数越多，颜色数量越多。例如，将颜色质量设置为 24 位（真彩色），则颜色数量为 2^{24} 种。

刷新频率：CRT 显示器独有的性能指标是指屏幕更新的速度，单位是 Hz。刷新频率越高，显示器闪动就越少。

4）打印机

打印机是微型计算机最基本的输出设备之一。打印机主要的性能指标有打印速度和分辨率。打印速度是指每分钟可以打印的页数，单位是 ppm。分辨率是指每英寸的点数，分辨率越高，打印质量越好，其单位是 dpi。

目前使用的打印机主要有：

针式打印机：通过打印针对色带的撞击在打印纸上留下小点，由小点组成打印图像，其打印速度慢、噪声大、打印质量差，现在一般用于票据打印。

喷墨打印机：将墨水通过精制的喷头喷到纸面上形成文字与图像，其打印速度较慢，墨盒喷头容易堵塞。

激光打印机：利用激光扫描主机送来的信息，将要输出的信息在磁鼓上形成静电潜像，并转换成磁信号，使碳粉吸附在纸上，经加热定影后输出。目前激光打印机以其打印速度快、打印质量高得到了广泛的应用。

多功能一体机：是一种集打印、复印、扫描多种功能于一体的机器，拥有较高的性价比。

任务实现过程

1．计算机的选购原则

（1）明确用户需求。如对办公类计算机，性能往往不需要太高，主要用途是处理文档、上网等，能满足日常应用即可，可考虑选择集成显卡、声卡、网卡的主板，以降低成本，而不必考虑如 3D 性能。

（2）确定购买品牌机还是组装机。品牌机指由具有一定规模和技术的计算机厂商生产，注册商标、有独立品牌的计算机，如联想、Dell 等。品牌机出厂前经过了严格的性能测试，相对组装机而言，其稳定性、可靠性都较高，但价格也相对要高。

组装机是将计算机配件（包括 CPU、主板、内存、硬盘、显卡等）组装到一起的计算机。

2．配件选购原则

（1）CPU 的选购。主要考虑搭配要合理，如果用高端 CPU 配低端主板，由于主板先天不足，CPU 就不能发挥应有的功能。

（2）主板选购。主要考虑与 CPU 接口的匹配，可提供哪种内存插槽，显卡插槽是否满足需要和是否集成声卡、显卡和网卡等。

> **说明**
>
> 独立显卡的显存是独立使用的，而集成显卡的显存要占用物理内存。如果物理内存较小，又要分一部分给集成显卡，势必对系统性能和运行速度产生影响。

（3）显卡选购。考虑按需选择、合理搭配及性价比。

（4）内存选购。是否符合主板的内在插槽要求。

（5）硬盘选购。主要考虑是否符合主板上的接口类型、容量等。

3．组装选购练习

大家可通过市场商家咨询或在线模拟装机网（如 mydiy.pconline.com.cn）进行练习。

任务二　计算机硬件的组装

首先要把组装计算机所需的配件和工具（尖嘴钳、十字螺丝刀、一字螺丝刀、散热膏）备齐，然后再开始组装。组装过程一定要注意断电、防静电、避免用力过猛等。

任务涉及的主要知识点

一般来讲，计算机的装配过程并无明确规定，但步骤不合理会影响安装速度和装配质量，造成故障隐患。因此，我们将微机的组装按照基础安装、内部设备安装及外围设备安装的顺序进行。分为以下步骤：

（1）在主板上安装 CPU 处理器。

（2）在主板上安装内存。

（3）将插好 CPU 和内存的主板固定在机箱上。

（4）在机箱上安装电源。

（5）安装硬盘。

（6）安装光驱。

（7）安装显卡。

（8）连接各部件的电源和数据线。

（9）连接机箱面板上的连线（开关、指示灯）。

（10）连接键盘和鼠标。

（11）连接显示器。

（12）连接扬声器（俗称音箱）、耳麦、网线。

（13）连接主机电源和显示器电源到插座。

任务实现过程

在主板装进机箱前，最好先将 CPU 和内存安装好，以免将主板安装好后机箱内狭窄的空间影响 CPU 的顺利安装。

1）在主板上安装 CPU 处理器

（1）Intel 各系列 CPU 基本上都采用无针脚设计，所以插槽就有密密麻麻的接脚，才可以和 CPU 紧密的结合、连通，所以组装时务必小心，如图 1-9 所示。

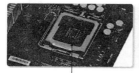

LGA775插槽有密密麻麻的接脚，　　在LGA775的CPU插座上，都会有一个
组装时务必要小心　　　　　　　　保护盖，没安装CPU前，切勿打开，
　　　　　　　　　　　　　　　　否则会伤到里面的接脚

图 1-9　CPU 插槽

（2）装入 CPU 时，必须要把保护盖移除。在保护盖上可以看到 "REMOVE" 字样，请从 "REMOVE" 处小心翻开，取下保护盖。插槽旁有一 U 型拨杆，将其向下再往外扳开，即可顺势往另一方向拨开，如图 1-10 所示。

（3）U 型拨杆拨开后，即可翻开防护铁盖，准备装入 CPU（防护铁盖的主要功能是牢牢固定 CPU）。

（4）确认 CPU 的防错凹槽和插槽的防错凸点。此步骤相当重要，务必要确认，否则防护铁盖盖上后，会导致 CPU 或插槽损坏，如图 1-11 所示。

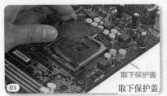 

图 1-10　CPU 保护盖和拨杆

图 1-11　CPU 的防错凹槽和插槽

（5）轻轻放入 CPU，盖上防护铁盖，扳回 U 型拨杆且固定，并检查是否牢靠，如图 1-12 所示。

图 1-12　CPU 防护铁盖

（6）取出风扇后，先确认风扇是否有散热膏，只要翻过来看中间部分是否有一小块胶质的贴片即可，如图 1-13 所示。

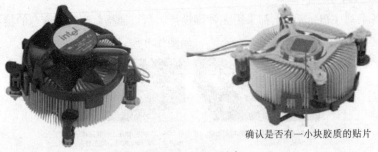

确认是否有一小块胶质的贴片

图 1-13　CPU 风扇

（7）查看 CPU 插槽四周，找到 4 个 CPU 风扇专用孔座，将风扇 4 个脚座对应到插槽四周的孔座，先对准轻放即可（见图 1-14）。然后利用 4 个手指，用力按下风扇 4 个脚座，使其插入主板的孔座里，确认 4 个脚座是否牢靠扣上，如图 1-15 所示。

图 1-14　安装 CPU 风扇-1

图 1-15　安装 CPU 风扇-2

（8）寻找 CPU 风扇专用电源插座，一般都设计在 CPU 插槽附近。找到后插入风扇电源插头，即可完成整个风扇安装，如图 1-16 所示。

图 1-16　插入风扇电源插头

2）在主板上安装内存

（1）首先确认内存插槽的位置，将插槽的两侧"固定扣"向外扳开到底轻轻将内存放于插槽中，如图 1-17 所示。

图 1-17　内存插槽

（2）利用两手的手指略微施力按压内存的两侧，此时"固定扣"会自动向内扣住内存的两侧固定凹槽，如图 1-18 所示。

图 1-18　安装内存

3）安装主板

（1）首先将主板挡板固定到机箱上，如图 1-19 所示。

图 1-19　安装主板挡板

（2）将主板放入机箱，对好各个螺钉口，将插口——对好挡板，然后拧紧螺钉，固定好主板，如图 1-20 所示。

4）安装电源

将电源平整放入预留的电源位置，到机箱后方查看电源的螺钉孔是否对应到机箱的螺钉洞。若没有，需要取出转换角度后再放入，使用 4 个粗牙螺丝拴紧电源即可，如图 1-21 所示。

图 1-20　安装主板　　　　　　　　　图 1-21　安装电源

5）安装硬盘

（1）寻找一个合适的 3.5 in 硬盘装置槽。因为硬盘产热量很大，尽可能装在有较大气流（风扇、机箱散热孔）旁。

（2）将硬盘放入硬盘装置槽，注意数据线连接端口部分朝向主板，再用 4 个粗牙螺钉固定，如图 1-22 所示。

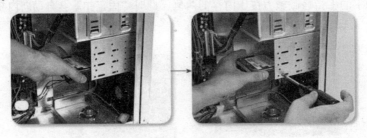

图 1-22　安装硬盘

6）安装光驱

安装光驱的方法与安装硬盘的方法大致相同，区别在于光驱一般是从机箱前面装进去的。对于普通的机箱，只需要将机箱 5.25 in 托架前的面板拆除，并将光驱将入对应的位置，拧紧螺钉即可，如图 1-23 所示。

7）安装显卡

（1）首先找到 PCI-E 的插槽位置，将显卡轻轻比对挡板的位置，找出该卸下的挡板，如图 1-24 所示。

图 1-23　安装光驱　　　　　　　　　图 1-24　PCI-E 插槽

（2）卸下挡板后，大拇指置于显卡的前后两端，慢慢施力将显卡往下压入插槽，拴上螺钉，固定显卡，如图 1-25 所示。

图 1-25　安装显卡

8）连接各部件的电源和数据线

（1）安装硬盘和光驱的数据线和电源线。目前，硬盘和光驱主要使用 SATA 接口传输数据。连接时将 SATA 信号线任一端插入 SATA 硬盘的信号连接口。SATA 信号线的另一端则插入主板上的 SATA 插座（任一插座即可，但建议从 SATA 0 开始连接）。最后再插入 SATA 电源插头，即完成整个 SATA 硬盘的安装工作。安装光驱电源的方法与硬盘相同，如图 1-26 所示。

图 1-26　连接硬盘数据线和电源线

> **● 说明**
>
> SATA（Serial Advanced Technology Attachment，串行高级技术附件，一种基于行业标准的串行硬件驱动器接口），是由 Intel、IBM、Dell、APT、Maxtor 和 Seagate 公司共同提出的硬盘接口规范。支持热插拔，传输速率快，执行效率高。使用 SATA（Serial ATA）口的硬盘又叫串口硬盘，是未来 PC 硬盘的趋势。Serial ATA 采用串行连接方式，串行 ATA 总线使用嵌入式时钟信号，具备了更强的纠错能力，与以往相比其最大的区别在于能对传输指令（不仅仅是数据）进行检查，如果发现错误会自动矫正，这在很大程度上提高了数据传输的可靠性。

（2）连接主板和 CPU 电源（见图 1-27）。插入 20pin 或 24pin ATX 主电源，此插座具有防错设计；再插入 4pin 的 CPU 风扇电源插头（见图 1-28），此插座也具有防错设计，可以轻松插入。

图 1-27　连接主板和 CPU 电源

图 1-28　连接 CPU 风扇电源

（3）连接机箱面板上的连线。找到机箱内的黑色小插头，每个插头上都标示着各自的用途，如电源开关（Power SW）、重启键（Reset SW）、电源灯（Power LED）、硬盘指示灯（HDD LED）等。找到主板上的机箱面板插针座，通常位于主板的左下方，如图 1-29 所示。

图 1-29　机箱面板连线、主板面板针座

配合颜色与位置图，依次插上小接头。此时需注意，连接线有色彩的部分为"＋"极，黑色或白色线为"－"极。要确认是否接错，需要组装完成后进行开机测试。如果发现灯不亮，说明插头插反了，将其拔出来，反向再插入即可，如图 1-30 所示。

图 1-30　主板面板针座接线

9）连接键盘和鼠标

（1）键盘的连接插头大都采用紫色，外型使用圆口，并且有小键盘图样。连接方式：将插头直接插入即可。具有防错设计，如果不能顺利插入，可稍微轻轻转一下插头，如图 1-31 所示。

图 1-31　连接键盘和鼠标

（2）鼠标的连接插头大都采用绿色，外形使用圆口，机箱背板接口处有鼠标图样，对应插入即可。

（3）主板上的插座也有颜色区分，把相同颜色的插在一起即可。

（4）USB 键盘和鼠标直接连接计算机的 USB 接口即可。

10）连接显示器

（1）将显示器固定在要放置的地方，并找出电源插座和信号插座，连接电源线到显示器，如图 1-32 所示。

（2）连接信号线到显示器，将插头旁的塑料固定螺钉拴紧，防止脱落，如图 1-33 所示。

（3）将信号线另一端连接显卡。信号线有防错设计，如果插不进去，可以转一个面再试一次。如果显卡与显示器都提供 DVI 插头，最好使用 DVI 接口，这样能提供更好的画质，图 1-34 所示。

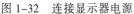

图 1-32　连接显示器电源　　　图 1-33　连接显示器信号线　　　图 1-34　连接显卡信号线

11）连接音箱、耳麦、网线

（1）耳机或者音箱线连接机箱背板音频端口，插在绿色的接口，如图 1-35 所示。

（2）麦克风使用红色插孔，如图 1-35 所示。

（3）网线一头的 RJ-45 水晶头插入网卡相应的接口中即可，如图 1-36 所示。

图 1-35　连接耳机或者耳麦　　　　　　　　图 1-36　连接网线

12）连接电源线

电源线的安装也很方便，它具有类似 D 型的防错设计，将电线的母头插入电源上的插座即可，如图 1-37 所示。

图 1-37　电源线连接方法

项目二　操作系统及常用软件的安装

项目描述

经过学习和实践，小明顺利完成了计算机硬件系统的配置和组装，已经具备完成计算机各项工作的硬件基础。然而，只有硬件系统的计算机，它还只能识别由 0 和 1 组成的机器代码，没有软件系统的计算机几乎是没有用处的。为使计算机能够正常地运转起来并为用户提供服务，还需要在计算机硬件系统的基础上完成操作系统及所需应用软件的安装。

解决方案

根据计算机系统的硬盘情况及应用需求，做好硬盘的分区规划（如系统区 C 盘、数据区 D 盘等），然后在主分区上安装操作系统和应用软件，也可根据需要将操作系统和应用软件分别安装在不同分区。

项目分解

在实施过程中，将项目分解为以下两个任务，逐一解决：
- 安装 Windows 7 操作系统。
- 应用软件的安装。

任务一　安装 Windows 7 操作系统

任务涉及的主要知识点

1．计算机软件系统

软件是指程序、程序运行所需要的数据以及开发、使用和维护这些程序所需要文档的集合。通常将软件分为系统软件和应用软件两大类，如图 1-38 所示。实际上，系统软件和应用软件的界限并不十分明显，有些软件既可认为是系统软件，也可以认为是应用软件，如数据库管理系统。

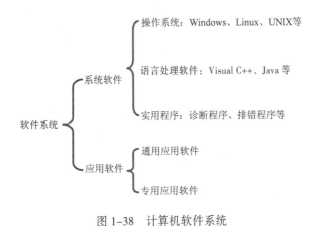

图 1-38　计算机软件系统

2．系统软件

系统软件是指控制计算机的运行、管理计算机的各种资源、并为应用软件提供支持和服务的一类软件。在系统软件的支持下，用户才能运行各种应用软件。系统软件通常包括操作系统（OS）、语言处理程序和各种实用程序。

1）操作系统

操作系统是用户与"裸机"间的接口，是管理计算机硬件与软件资源的程序，同时也是计算机系统的内核与基石。操作系统是控制其他程序运行，管理系统资源并为用户提供操作界面的系统软件的集合。操作系统身负诸如管理与配置内存、决定系统资源供需的优先次序、控制输入与输出设备、操作网络与管理文件系统等基本事务。操作系统的种类多样，不同机器安装的 OS 可从简单到复杂，可从手机的嵌入式系统到超级计算机的大型操作系统。目前，典型的操作系统有 Windows、UNIX、Linux 等。

2）程序设计语言

程序设计语言是人与计算机交流的工具，是用来编写计算机程序的工具。按照程序设计语言发展的过程，大概可分为机器语言、汇编语言和高级语言 3 类。

机器语言是直接用二进制代码表示的计算机语言，能够被计算机硬件系统理解和执行，处理效率高，执行速度快。但是机器语言的编写、调试、修改、移植和维护都非常烦琐。

人们想到直接使用英文单词或者缩写代替晦涩难懂的二进制代码来进行编程，从而出现了汇编语言。相对机器语言，汇编指令更容易掌握，但是计算机无法自动识别和执行，必须进行翻译，即使用语言处理软件将汇编语言编译成机器语言，再链接成可执行程序在计算机中执行。

汇编语言虽然比机器语言前进了一步，但使用起来仍然不是很方便，于是出现了高级语言。高级语言是最接近人类自然语言和数学公式的程序设计语言，它基本脱离了硬件系统。高级语言编写的程序计算机也是无法直接执行的，必须翻译成机器语言。

3）语言处理程序

在所有的程序设计语言中，除了机器语言编写的程序能够被计算机直接理解和执行外，其他程序设计语言编写的程序计算机都不能直接执行，这种程序称为源程序。源程序必须经过一个翻译过程才能转换为计算机所能识别的机器语言程序。实现这个翻译过程的工具就是语言处理程序。针对不同的程序设计语言编写出的程序，语言处理程序也有不同的形式，如汇编程序、高级语言翻译程序。

4）实用程序

实用程序完成一些与管理计算机系统资源及文件有关的任务，如 Windows 优化大师、超级兔子软件等。

3. 应用软件

应用软件是指利用计算机的软、硬件资源为第一专门的应用目的而开发的软件。

任务实现过程

1. 进入安装程序

启动计算机后按【F1】键或【Del】键进入 BIOS，设置从光盘启动，将 Windows 7 系统安装光盘放入光驱，重启计算机，刚启动时，出现图 1-39 所示的界面，光盘自启动后，如果没有问题，就会出现图 1-40 所示的 Windows 7 安装程序欢迎界面，默认安装语言为简体中文，如无须改动，直接单击"下一步"按钮。

图 1-39　从光盘安装操作系统　　　　　图 1-40　Windows 7 安装欢迎界面

> ◎说明
>
> 如果开机无法到达如图 1-39 所示界面，可能是 BIOS 中设置错误，需要重新设置第一启动顺序为光驱，或者开机按【F12】键（不同类型机器可能不同）进入 Boot Menu，选择从光盘启动，按【Enter】键。

BIOS 是英文 Basic Input Output System 的缩略语，直译过来后中文名称就是"基本输入输出系统"。它是一组固化到计算机主板上一个 ROM 芯片上的程序，它保存着计算机最重要的基本输入输出的程序、系统设置信息、开机后自检程序和系统自启动程序。其主要功能是为计算机提供最底层的、最直接的硬件设置和控制。

2. 准备安装（见图 1–41）

图 1–41 准备安装

3. 选择安装分区并接受许可协议

勾选"我接受许可条款"复选框，单击"下一步"按钮，如图 1–42 所示。

4. 选择安装类型

如果是重装系统，请单击"自定义（高级）"按钮；如果想从 XP、Vista 升级为 Windows 7，请单击"升级"按钮，如图 1–43 所示。

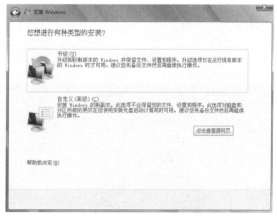

图 1–42 接受许可协议　　　　　　　　　　图 1–43 选择安装类型

5. 选择安装盘并分区

这里磁盘还没有分区，如图 1–44 所示。选择"高级"选项，出现图 1–45 所示的界面，可按需新建分区。

图 1-44　选择安装盘　　　　　　　　　图 1-45　新建分区

6．开始安装

单击"下一步"按钮，出现如图 1-46 所示的界面。这时就开始了安装，整个过程大约需要 10~20 分钟（这取决于你的计算机配置）。

图 1-46　安装过程

7．重启计算机

输入个人信息，如图 1-47 所示。

图 1-47　重启计算机并输入个人信息

8．设置密码（见图 1-48）

9．激活系统（见图 1-49）

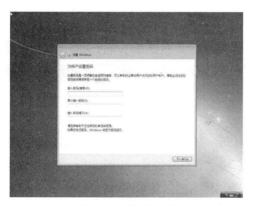

图 1-48 设置密码

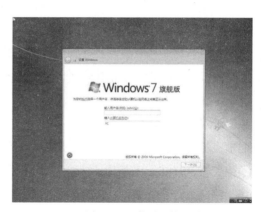

图 1-49 激活系统

10. 调整日期时间（见图 1-50）

11. 完成安装（见图 1-51）

图 1-50 调整日期时间

图 1-51 完成配置

至此，Windows 7 操作系统安装完成。

任务二 应用软件的安装

本任务以"WPS Office"和"鲁大师软件"安装为例进行讲解。

 任务涉及的主要知识点

1. 应用软件

应用软件是指利用计算机的软、硬件资源为某一专门的应用目的而开发的软件。常见的应用软件有办公应用软件、图形和图像处理软件、Internet 服务软件、娱乐和学习软件等。

2. 安装程序

安装程序是软件的一部分，它是一个计算机程序，用来帮助用户将应用软件安装到计算机中，传统安装程序来源于安装光盘，可能由多个文件与文件夹构成，主安装程序的文件名通常为"Setup""install"等，现在许多软件通过网络进行传播，这样安装程序通常包含一个文件，文件名通常由软件名称加版本号构成，如 WPS Office 的安装程序文件为 WPS.4468.12012.0.exe，安装程序通常也提供卸载程序（或称移除程序、反安装程序），用来帮助用户将软件从计算机中删除。

3. 安装目录

安装目录指的是将软件的程序文件、程序数据及其他一些程序运行所需要的文件的存放目录。通常在 Windows 操作系统中软件都被安装在 "C:\Program Files\" 目录下，安装目录也可以自行指定。

4. 办公应用软件

目前流行的办公应用软件主要有美国微软的 MS Office 与中国金山软件公司的 WPS Office 系列软件，微软的 MS Office 系列软件功能强大，但其体积庞大且价格较贵；WPS Office 的前身是运行于 DOS 操作系统下的 WPS，曾经是最流行的中文办公软件。近年来 WPS Office 不断推出新版本，增加功能做到深度兼容 MS Office，更重要的是 WPS Office 个人版永久免费，并且体积很小。

5. 鲁大师软件

鲁大师拥有专业而易用的硬件检测，不仅准确，而且提供中文厂商信息，让计算机配置一目了然。它适合于各种品牌台式机、笔记本式计算机、DIY 兼容机，实时的关键性部件的监控预警，全面的计算机硬件信息有效预防硬件故障，让计算机免受困扰。鲁大师帮用户快速升级补丁，安全修复漏洞，远离黑屏困扰。更有硬件温度监测等带给用户更稳定的计算机应用体验。

任务实现过程

1. 获取 WPS Office 安装程序

要求：从网络中下载 WPS Office 的最新安装程序。

在 IE 中输入网址 "http://www.wps.cn" 并按【Enter】键，打开 WPS Office 的产品中心，如图 1-52 所示，单击 "立即下载" 按钮，下载 WPS Office 安装文件 WPS.4468.12012.0.exe 到桌面。

图 1-52　WPS Office 下载

> **说明**
>
> 下载文件的具体网址也可通过网络进行搜索。

2. 安装 WPS Office 办公软件

要求：安装 WPS Office 并运行。

双击桌面上图 1-53 所示的 WPS Office 安装程序图标（WPS.4468.12012.0），弹出图 1-54 所示的"安全警告"对话框，单击"运行"按钮，出现图 1-55 所示的 WPS Office 安装界面，这里可以单击"更改设置"超链接修改安装路径，单击"立即安装"按钮，出现图 1-56 所示的安装过程界面，安装完成后，会启动 WPS Office 文字，如图 1-57 所示。

图 1-53　桌面上的安装程序

图 1-54　"安全警告"对话框

图 1-55　WPS Office 2013 的安装窗口

图 1-56　WPS Office 2013 的安装过程

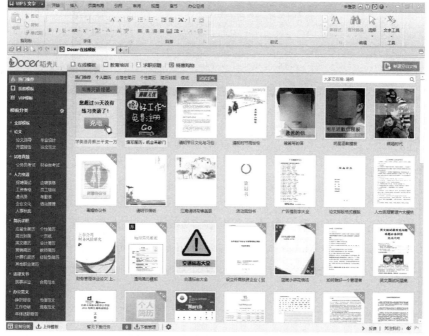

图 1-57　安装完成后的 WPS 文字

> ◎说明
>
> ① 安装图标会因为 WPS Office 的版本不同而不相同。
>
> ② "安全警告"对话框是 Windows 7 为提高系统的安全性而设置的。
>
> ③ 安装好的 WPS Office 可通过桌面快捷方式或"开始"菜单启动。
>
> ④ 如要卸载 WPS Office 可以选择"开始"→"所有程序"→"WPS Office 个人版"→"WPS Office 工具"→"卸载"或者在"程序和功能"窗口中双击"WPS Office 个人版"即可卸载。

3．获取鲁大师软件

官方网站：http://www.ludashi.com。

4．安装并运行鲁大师软件

将下载程序"ludashisetup.zip"解压，运行 setup.exe 文件，根据安装向导提示操作即可完成安装。运行界面如图 1-58 所示。

图 1-58　鲁大师软件运行主界面

【阅读资料】

一、计算机的发展

1．电子计算机的问世

目前，大家公认的世界上第一台计算机是在 1946 年 2 月由美国宾夕法尼亚大学研制成功的 ENIAC（The Electronic Numerical Integrator And Calculator，电子数字积分计算机），它每秒可以进行 5 000 次加、减运算。ENIAC 的发明为现代计算机在体系结构和工作原理上奠定了基础。

2．计算机的分代和发展

从第一台计算机诞生以来，电子计算机已经走过了半个多世纪的历程，计算机体积不断变小，但性能、速度却在不断提高。根据计算机采用的物理器件，一般将计算机的发展分成 4 个阶段。

1）第一代计算机（1946—1956 年）

使用电子管作主要元件，耗电多，发热量大，运算速度一般每秒为数千次至数万次。存储容量小，初期用水银延迟线或静电存储器，容量仅有数千字节，后期采用磁鼓与磁心，容量有较大提高。程序设计使用机器语言或汇编语言，输入/输出主要用穿孔的纸带或卡片，编程与上机都很费时。

2）第二代计算机（1955—1964 年）

用晶体管代替电子管来作开关元件，具有速度快，寿命长，轻、小、省等优点。普遍使用磁心存储器为主存储器。汇编语言更普遍，高级语言也开始投入使用。

3）第三代计算机（1964—1970 年）

中、小规模集成电路投入使用，存储器进一步发展，体积越来越小，价格越来越低，软件越来越完善。高级程序设计语言在这个时期有了很大发展，并出现了操作系统和会话式语言，计算机开始广泛应用在各个领域。

4）第四代计算机（1971 年至今）

使用大规模集成电路（Very Large Scale Integration，VLSI）和超大规模集成电路（Ultra Large Scale Integration，ULSI）制作开关逻辑部件；性能价格比大幅度跃升；产品更新的速度加快；软件配置空前丰富。

5）未来新型计算机

从目前的研究来看，未来新型计算机将可能在下列几个方面取得革命性的突破。

光计算机：利用光作为信息的传输媒体的计算机，具有超强的并行处理能力和超高的运算速度。目前光计算机的许多关键技术，如光存储技术、光电子集成电路等都已取得重大突破。

生物计算机（分子计算机）：采用生物工程技术产生的蛋白质分子结构的生物芯片。在这种芯片中，信息以波的形式传播，运算速度比当今最新一代计算机快 10 万倍，能量消耗仅相当于普通计算机的十分之一，并且拥有巨大的存储能力。

量子计算机：利用处于多现实态下的原理进行运算的计算机。

经过多年的发展，计算机的基本结构仍然没有发生根本性的变化，依然采用冯·诺依曼提出的体系结构，人们称其为"冯·诺依曼体系结构"。其要点包括：

（1）计算机的程序和程序运行所需要的数据以二进制的形式存放在计算机的存储器中。

（2）程序和数据存放在存储器中，即存储程序的概念。计算机执行时，无须人工干预，能自动、连续地执行程序，并得到预期的结果。

根据冯·诺依曼的原理和思想，决定了计算机必须由输入、存储、运算、控制和输出 5 个部分组成，也就是前面提到的计算机的基本组成五大部件。

二、进位计数制及相互转换

1. 数制

计算机中采用的是二进制，因为二进制只有"0"和"1"两个数，相对十进制而言不但运算简单、易于物理实现、通用性强，更重要的优点是所占用的空间和所消耗的能量小得多，机器可靠性高。

一般计数都采用进位计数，其特点是：

（1）逢 N 进一，N 是每种进位计数制表示一位数所需要的符号数目为基数。

（2）采用位置表示法，处在不同位置的数字所代表的值不同，而在固定位置上单位数字表示的值是确定的，这个固定位上的值称为权。

2. 数位、基数和位权

数位是指数码在一个数中所处的位置；基数是指在某种进位计数制中，每个数位上所能使用的数码的个数，例如十进位计数制中，每个数位上可以使用的数码为 0、1、2、3、…、9 这 10 个数码，即其基数为 10；位权是指一个固定值，是指在某种进位计数制中，每个数位上的数码所代表的数值的大小，等于在这个数位上的数码乘上一个固定的数值，这个固定的数值就是这种进位计数制中该数位上的位权。数码所处的位置不同，代表数的大小也不同。例如，在十进位计数制中，小数点左边第一位位权为 10^0，左边第二位位权为 10^1；左边第三位位权为 10^2；……。小数点右边第一位位权为 10^{-1}；小数点右边第二位位权为 10^{-2}；……以此类推。

3. 数制转换

为了便于描述，计算机中经常使用八进制和十六进制。不同进位计数制之间的转换是根据两个有理数若相等，则两数的整数和分数部分一定分别相等的原则进行的。也就是说，若转换前两数相等，转换后仍必须相等。

十进制：有 10 个基数：0……9，逢十进一。

二进制：有 2 个基数：0……1，逢二进一。

八进制：有 8 个基数：0……7，逢八进一。

十六进制：有 16 个基数，0……9，A，B，C，D，E，F（A=10，B=11，C=12，D=13，E=14，F=15），逢十六进一。

1）十进制数与 r 进制数之间的转换

（1）十进制转换成二进制：十进制整数转换成二进制整数通常采用除 2 取余法，小数部分采用乘 2 取整法。例如，将$(30)_{10}$转换成二进制数。

将$(30)_{10}$转换成二进制数，使用的方法是除 2 取余，从下向上写结果。

```
2│30
 2│15    …0——最右位
  2│7    …1
   2│3   …1
    2│1  …1
      0  …1——最左位
```

结果：$(30)_{10}=(11110)_2$。

（2）将$(30)_{10}$转换成八（十六）进制数，使用的方法是除 8（或者 16）取余，从下向上写结果。

```
8 | 30
8 | 3        …6——最右位
    0        …3——最左位
```

结果：$(30)_{10}=(36)_8$。

```
16 | 30
16 | 1        …14 即 E——最右位
     0        …1        ——最左位
```

结果：$(30)_{10}=(1E)_{16}$。

2）将 r 进制数转换为十进制数

（1）把一个二进制转换成十进制采用方法：整数部分的最后一位乘上 2^0，倒数第二位乘上 2^1，……一直到最高位乘上 2^{n-1}，小数部分的第一位乘上 2^{-1}，第二位乘上 2^{-2}，……然后将各项乘积相加的结果就是它的十进制。

例如，二进制 11110.11 转换为十进制：

$(11110.11)_2=1\times2^4+1\times2^3+1\times2^2+1\times2^1+0\times2^0+1\times2^{-1}+1\times2^{-2}$

$=16+8+4+2+0+0.5+0.25$

$=(30.75)_{10}$

（2）把一个八进制转换成十进制采用方法：整数部分的最后一位乘上 8^0，倒数第二位乘上 8^1，……一直到最高位乘上 8^{n-1}，小数部分的第一位乘上 8^{-1}，第二位乘上 8^{-2}，……然后将各项乘积相加的结果就是它的十进制。

例如，八进制 36.2 转换为十进制：

$(36.2)_8=3\times8^1+6\times8^0+2\times8^{-1}=24+6+0.25=(30.25)_{10}$

（3）把一个十六进制转换成十进制采用方法：整数部分的最后一位乘上 16^0，倒数第二位乘上 16^1，……一直到最高位乘上 16^{n-1}，小数部分的第一位乘上 16^{-1}，第二位乘上 8^{-2}，……然后将各项乘积相加的结果就是它的十进制。

例如，十六制 1E.A 转换为十进制：

$(1E.A)_{16}=1\times16^1+14\times16^0+10\times16^{-1}=16+14+0.625=(30.625)_{10}$

3）二进制与八进制数之间的转换

二进制数转换成八进制数：对于整数，从低位到高位将二进制数的每三位分为一组，若不够三位时，在高位左面添 0，补足三位，然后将每三位二进制数用一位八进制数替换，小数部分从小数点开始，自左向右每三位一组进行转换即可完成。例如，将二进制数 1101001 转换成八进制数，则

$(001\ 101\ 001)_2$

　｜　　｜　　｜

$(1\quad 5\quad 1)_8$

$(1101001)_2=(151)_8$。

八进制数转换成二进制数：只要将每位八进制数用三位二进制数替换，即可完成转换。例如：把八进制数(643.503)₈，转换成二进制数，则

(6　4　3.　5　0　3)₈

　|　　|　　|　　|　　|　　|

(110 100 011 . 101 000 011)₂

(643.503)₈=(110100011.101000011)₂。

4）二进制与十六进制之间的转换

二进制数转换成十六进制数：由于 2 的 4 次方等于 16，所以依照二进制与八进制的转换方法，将二进制数的每四位用一个十六进制数码来表示，整数部分以小数点为界点从右往左每四位一组转换，小数部分从小数点开始自左向右每四位一组进行转换。

5）十六进制转换成二进制数

如将十六进制数转换成二进制数，只要将每一位十六进制用四位相应的二进制数表示，即可完成转换。例如，将(163.5B)₁₆转换成二进制数，则

(1　6　3.　5　B)₁₆

　|　　|　　|　　|　　|

(0001 0110 0011. 0101 1011)₂

(163.5B)₁₆=(101100011.01011011)₂。

三、字符编码

字符包括西文字符（字母、数字、各种符号）和中文字符，即所有不可做算术运算的数据。由于计算机是以二进制的形式存储和处理数据的，因此字符必须按特定的规则进行二进制编码才能进入计算机。字符编码的方法很简单，首先确定要编码的字符总数，然后将每一个字符按照顺序确定顺序编号，编号的大小无意义，仅作为识别与使用这些字符的依据。字符形式的位数多少涉及编码的位数。对于西文与中文字符，由于其形式不同，使用的编码也不同。

1. 西文字符编码

计算机中的数据都是用二进制编码表示的，用以表示字符的二进制编码称为字符编码。目前使用最广泛的西文字符编码是 ASCII 码（American Standard Code for Information Interchange，美国信息交换标准代码）。标准 ASCII 码使用 7 位二进制编码，共有 128 个字符，如表 1-1 所示。

表 1-1　7 位 ASCII 代码表

$d_3d_2d_1d_0$ 位	$d_6d_5d_4$ 位						
	000	001	010	011	100	101	110	111
0000	NUL	DEL	SP	0	@	P	`	p
0001	SOH	DC1	!	1	A	Q	a	q
0010	STX	DC2	"	2	B	R	b	r
0011	ETX	DC3	#	3	C	S	c	s
0100	EOT	DC4	$	4	D	T	d	t

续表

$d_3d_2d_1d_0$ 位	$d_6d_5d_4$ 位							
	000	001	010	011	100	101	110	111
0101	ENQ	NAK	%	5	E	U	e	u
0110	ACK	SYN	&	6	F	V	f	v
0111	BEL	ETB	'	7	G	W	g	w
1000	BS	CAN	(	8	H	X	h	x
1001	HT	EM	)	9	I	Y	i	y
1010	LF	SUB	*	:	J	Z	j	z
1011	VT	ESC	+	;	K	[	k	{
1100	FF	FS	,	<	L	\	l	|
1101	CR	GS	−	=	M	]	m	}
1110	SO	RS	·	>	N	↑	n	~
1111	SI	HS	/	?	O	←	o	DEL

　　每个字符用 7 位基 2 码表示，其排列次序为 $d_6d_5d_4d_3d_2d_1d_0$，d_6 为高位，d_0 为低位。从表 1–1 中可以查出："a"字符的编码为 1100001，对应的十进制数是 97；"A"字符的编码为 1000001，对应的十进制数是 65。

　　因为计算机基本处理单位为字节（1 B=8 bit），所以一般以一个字节来存放一个 ASCII 字符，每一个字节中多余出来的一位（最高位）用 0 填充。

2．汉字编码

　　英文是拼音文字，通过键盘输入时采用不超过 128 种（大、小写字母，数字和其他符号）字符的字符集就能满足英文处理的需要，编码较容易；而且在一个计算机系统中，输入、内部处理和存储都可以使用同一编码（一般是 ASCII 码）。汉字是象形文字，种类繁多，编码比较困难，而且在一个汉字处理系统中，输入、内部处理、输出对汉字编码的要求也不尽相同，因此要进行一系列的汉字编码及转换。汉字信息处理中各编码及流程如图 1–59 所示，对虚框中的国标码而言，还有很多种汉字内码。

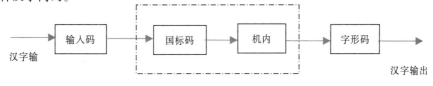

图 1-59　汉字信息处理系统模型

1）汉字输入码

　　汉字输入码就是利用键盘输入汉字时所用的编码。常用的输入码有拼音码、五笔字型码、自然码、表形码等，一种好的编码应有编码规则简单、易学好记、操作方便、重码率低、输入速度快等特点。

　　为了提高输入速度，输入方法走向智能化是目前研究的内容。未来的智能化方向是基于模式识别的语音识别输入、手写输入或扫描输入。

不管哪种输入法，都是操作者向计算机输入汉字的手段，而在计算机内部都是以汉字机内码表示。

2）汉字国标码

汉字国标码是指我国 1980 年发布的《信息交换汉字编码字符集 基本集》，代号为 GB 2312—1980，简称国标码。

3）汉字机内码

一个国标码占两个字节，每个字节的最高位为 0；英文字符的机内码是 7 位 ASCII 码，最高位也为 0。为了在计算机内部区分汉字编码和 ASCII 码，将国标码的每个字节的最高由 0 变为 1，变换后的国标码称为汉字机内码。

4）汉字字形码

汉字字形码又称汉字字模，用于汉字的显示输出或打印机输出，其通常有两种表示方式：点阵和矢量表示方式。

课 后 练 习

一、选择题

1. 第四代计算机的基本逻辑元件是（　　）。

    A. 电子管　　　　　　　　　　　　B. 晶体管

    C. 中、小规模集成电路　　　　　　D. 大规模集成电路或超大规模集成电路计算机

2. 在标准 ASCII 码表中，已知英文字母 K 的十六进制码值是 4B，则二进制 ASCII 码 1001000 对应的字符是（　　）。

    A. G　　　　　　B. H　　　　　　C. I　　　　　　D. J

3. 十进制数 100 转换成无符号二进制整数是（　　）。

    A. 0110101　　　B. 01101000　　C. 01100100　　D. 01100110

4. 计算机软件系统包括（　　）。

    A. 程序、数据、和相应的文档　　　B. 系统软件和应用软件

    C. 数据库管理系统和数据库　　　　D. 编译系统和办公软件

5. 下列全部是高级语言的一组是（　　）。

    A. 汇编语言、C 语言、PASCAL　　B. 汇编语言、C 语言、BASIC

    C. 机器语言、C 语言、BASIC　　　D. BASIC、C 语言、PASCAL

6. 计算机中，负责指挥计算机各部分自动协调一致地进行工作的部件是（　　）。

    A. 运算器　　　　B. 控制器　　　　C. 存储器　　　　D. 总线

7. 构成 CPU 的主要部件是（　　）。

    A. 内存和控制器　　　　　　　　　B. 内存、控制器和运算器

    C. 高速缓存和运算器　　　　　　　D. 控制器和运算器

8. CPU 的主要性能指标是（　　　）。

    A. 字长和时钟主频　　　　　　　　B. 可靠性

    C. 耗电量和效率　　　　　　　　　D. 发热量和冷却效率

9. 硬盘属于（　　　）。

    A. 外部存储器　　　　　　　　　　B. 内部存储器

    C. 只读存储器　　　　　　　　　　D. 输出设备

10. 下列不能用作存储容量单位的是（　　　）。

    A. B　　　　　　B. GB　　　　　　C. MIPS　　　　　D. KB

11. 在冯·诺依曼型体系结构的计算机中引进两个重要的概念，它们是（　　　）。

    A. 引入 CPU 和内存储器的概念　　B. 采用二进制和存储程序的概念

    C. 机器语言和十六进制　　　　　　D. ASCII 编码和指令系统

12. 国际通用的 ASCII 码的码长是（　　　）。

    A. 7　　　　　　B. 8　　　　　　C. 12　　　　　　D. 16

13. 汉字在计算机内部的传输、处理和存储都使用汉字的（　　　）。

    A. 字形码　　　　B. 输入码　　　　C. 机内码　　　　D. 国标码

14. 办公自动化（OA）是计算机的一项应用，按计算机应用的分类，它属于（　　　）。

    A. 科学计算　　　B. 辅助设计　　　C. 实时控制　　　D. 数据处理

15. 计算机能够直接识别和执行的语言是（　　　）。

    A. 汇编语言　　　B. 自然语言　　　C. 机器语言　　　D. 高级语言

16. 假设某台计算机的硬盘容量是 1 TB，内存容量是 4 GB，那么硬盘容量是内存容量的（　　　）倍。

    A. 256　　　　　B. 128　　　　　C. 64　　　　　　D. 160

17. CPU 主要性能指标之一的（　　　）是用来表示 CPU 内核工作时的时钟频率。

    A. 外频　　　　　B. 主频　　　　　C. 位　　　　　　D. 字长

18. 在计算机系统中，I/O 设备的作用是（　　　）。

    A. 只输出信息　　　　　　　　　　B. 只输入信息

    C. 保存各种输入/输出信息　　　　　D. 负责计算机与用户和其他设备之间的沟通

19. 不能随机修改其存储内容的是（　　　）。

    A. RAM　　　　　B. DRAM　　　　C. ROM　　　　　D. SRAM

20. 光盘是一种广泛使用的存储器，CD-ROM 指的是（　　　）。

    A. 只读型光盘　　　　　　　　　　B. 一次写入光盘

    C. 追记型读/写盘　　　　　　　　　D. 可擦写光盘

二、思考题

1. 简述计算机系统的组成。

2. 简述系统软件和应用软件的区别。

3. CPU 有哪些性能指标？

4. 什么是主板？它主要有哪些部件？各部件是如何连接的？

5. 简述内存和外存、ROM 和 RAM 的特点。

6. 简述 Cache 的作用及其原理。

7. 什么是接口？常见的接口有哪些？

8. 输入、输出设备有什么作用？常见的输入、输出设备有哪些？

模块二 | Windows 7 基本操作

Windows 系列操作系统是微软公司开发的基于图形界面的多任务桌面操作系统,而 Windows 7 更是以其易用、快速、简单、安全成为微软力推的桌面操作系统;本章主要通过对几个项目的实现过程来学习 Windows 7 的基本操作、系统的常用设置、新特性、磁盘、文件、文件夹管理等方面内容,以便读者能快速掌握 Windows 7 的使用方法与简单技巧。

目标要求

- 掌握 Windows 7 的基本操作、常用设置与新特性。
- 掌握 Windows 7 基本的磁盘、文件与文件夹操作。
- 掌握应用程序与常用设备安装。

项目设置

- Windows 7 基本操作与系统设置。
- Windows 7 硬盘操作与文件管理。
- 应用程序安装与打印机安装。

项目一　Windows 7 基本操作与系统设置

 项目描述

小张的计算机中安装的是 Windows 7 操作系统,他想尽快掌握 Windows 7 系统的基本操作方法,并能对 Windows 7 的工作环境进行设置,使其符合自己的操作习惯,定制自己个性化的工作环境。

解决方案

通过新建一个文本文档,对它进行图标拖动、打开、文字输入、最大化、最小化、保存、在文件中查找文字等操作来掌握 Windows 7 窗口界面的基本元素与操作方法;然后对 Windows 7 的桌面图标、背景、任务栏、"开始"菜单与桌面小工具进行个性化的设置;此外计算机工作环境还有安全上的要求,还要对 Windows 7 的用户账户进行管理;为了获得监视器的最佳显示效果还要根据监视器的类型选择最佳的显示设置,包括屏幕分辨率、刷新频率和颜色等;为了保护监视器设备还要设置屏幕保护程序等。

项目分解

在实施过程中，将项目分解为以下 7 个任务，逐一解决：

- Windows 7 的基本操作。
- 桌面图标与背景的设置。
- 任务栏的设置。
- "开始"菜单的设置。
- 桌面小工具的设置。
- 用户账户设置。
- 显示与外观设置。

任务一　Windows 7 的基本操作

任务涉及的主要知识点

1. 桌面

启动安装有 Windows 7 操作系统的计算机，登录后显示在屏幕上的界面被称为桌面，Windows 7 桌面组成元素包括图标、背景、任务栏、"开始"按钮等；相对于以往的 Windows 还多了一个能在桌面任意位置显示的"桌面小工具"；Windows 7 的桌面类似于真实工作环境中的桌面，如图 2-1 所示。

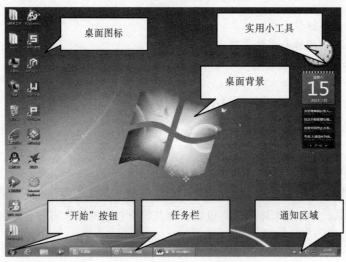

图 2-1　Windows 7 桌面

2. 鼠标

大多数鼠标都有两个按钮和一个滚轮，左边的按钮称为左键，许多 Windows 操作都由它完成，右边的按钮称为右键，可以通过它打开一个快捷菜单，在两个按钮之间有一个滚轮，通常可完成页面滚动的操作，高级的鼠标可能还有其他一些按钮；在 Windows 屏幕上通常用一个小箭头图标来指示鼠标，这个小箭头被称为鼠标指针，当鼠标指针在不同的位置时可能显示为不同的图标。

3．指向

将鼠标指针移动到屏幕上的某个对象，使鼠标指针看起来已经接触到该对象，称为用鼠标指向。指向某个对象时，通常会显示一个该对象的说明框。

4．单击

将鼠标指针指向某个对象，按下鼠标的左键然后立即释放，称为单击，单击通常用于选中某个对象。

5．双击

将鼠标指向某个对象，然后快速进行两次单击，两次单击之间的时间间隔不能太长，否则会被认为是两次单击，双击通常用于打开（执行）某个对象。

6．右击

将鼠标指向某个对象，然后单击鼠标的右键，称为右键单击，右键单击通常会打开一个关于该对象的一个快捷菜单。

7．拖动

将鼠标指向某个对象，按下鼠标左键不释放，然后移动鼠标，这时通常被指向的对象会与鼠标指针一起移动，到了一个新位置时释放鼠标左键，把这个过程称为一次拖动，有时也叫拖放，通常用于移动文件、文件夹、窗口或图标的位置。

8．程序窗口

在Windows操作系统中打开程序、文件或文件夹时其相关内容会在屏幕上的一块区域显示，这个区域通常有个边框，上部有个标题栏，还包括"最大化""最小化""关闭"按钮，这个区域就被称为程序窗口，有时也简称窗口。

9．菜单

大多数程序包含许多操作命令，几十个甚至上百个，为了更方便地使用与呈现这些操作命令，把这些命令分类分级地组织起来，为了使屏幕整齐，会隐藏这些菜单，只有在标题栏下的菜单栏中单击菜单标题之后才会显示菜单，程序菜单也可以显示选择列表。

10．对话框

对话框是包含完成某项任务所需选项的小窗口。

11．命令按钮

命令按钮是一种让用户执行命令的用户界面元素，通常显示为小长方形的按钮，单击命令按钮会执行某操作；在对话框中会经常看到命令按钮。

12．选项按钮

选项按钮是一种让用户选择的用户界面元素，可让用户在两个或多个选项中选择一个选项，选项按钮经常出现在对话框中。

13．复选框

复选框是一种让用户选择的用户界面元素，在它的左边有一个方框表现它的状态，单击空的方框可选择该选项，正方形中将出现一个对钩标记，表示已选中该选项；若不选择该选项，单击该选项可清除对钩标记。

14. 文本框

文本框是一种让用户输入的用户界面元素，在文本框中可输入如搜索条件、用户、密码等内容。

任务实现过程

1. 使用鼠标

要求：使用鼠标的指向、单击、双击、右击、拖动等功能。

将鼠标指针指向桌面空白处，右击，会弹出一个菜单，将鼠标指针指向"新建"命令，会弹出下一级菜单，如图 2-2 所示将鼠标指针指向"文本文档"命令，单击，此时会在桌面上出现一个"新建文本文档"的图标，将鼠标指针指向这个"新建文本文档"图标，拖动图标到一个新的位置，释放鼠标，"新建文本文档"图标就会停留在当前位置，然后双击这个图标，系统会用记事本程序打开这个新建文本文档，如图 2-3 所示。

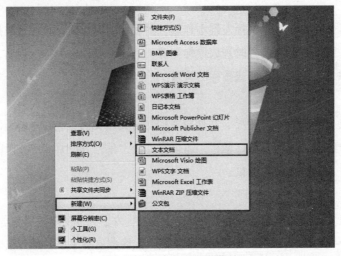

图 2-2　新建文本文档菜单

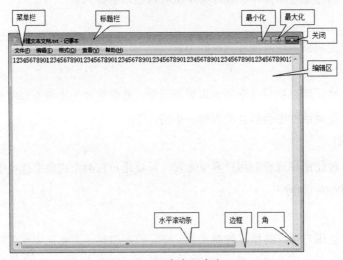

图 2-3　记事本程序窗口

2．对窗口进行操作

要求：使用窗口的"最小化"按钮、"最大化"按钮、标题栏、边框、滚动条、"关闭"按钮。

在图 2-3 所示的记事本程序窗口中执行如下操作：

（1）单击"最小化"按钮，窗口就不会在桌面上显示，只在任务栏上显示"新建文本文档图标"记事本窗口的按钮，单击它窗口会重新显示在桌面上。

（2）单击"最大化"按钮，窗口就会充满整个屏幕，并且"最大化"按钮变成"还原按钮"，单击它窗口会恢复成原来的大小。

（3）在标题栏上显示的是当前打开文档的名字，用鼠标拖动可以将窗口移动到不同的位置，在 Windows 7 中将窗口拖动到屏幕的上边，窗口就会最大化，将窗口拖动到屏幕的左边，窗口就会占据左半个屏幕，同样拖动到屏幕的右边，窗口就会占据右半个屏幕。

（4）将鼠标指针移动到窗口的边框上，鼠标指针就会变成双箭头状，此时拖动就能改变窗口的大小，在角上拖动时能同时改变窗口的长与宽。

（5）在窗口的编辑区中重复输入"1234567890"直到窗口容纳不下而且不会自动换行时，在窗口的下边就会出现水平滚动条,向左或右拖动水平滚动条就能查看窗口中没有显示出来的内容。

（6）单击"关闭"按钮，如果编辑区中内容未被改变过就能关闭记事本程序窗口，本例中编辑区中的内容已经改变过，则会弹出图 2-4 所示的对话框询问是否保存数据。

3．对菜单、命令按钮等进行操作

要求：使用记事本程序的菜单、对话框、命令按钮、选项按钮、复选框、文本框。

在图 2-3 所示的记事本程序窗口中执行如下操作：单击"编辑"→"查找"命令，弹出图 2-5 所示的对话框，可以在"查找内容"文本框中输入要查找的内容"区分大小写"复选框可设置是否在查找时区分大小写，"向上"或"向下"选项按钮确定是在编辑区中光标之前查找还是之后查找，最后单击"查找下一个"按钮可开始查找。

图 2-4　是否保存对话框

图 2-5　"查找"对话框

任务二　桌面图标与背景的设置

 任务涉及的主要知识点

1．图标

图标是一个小图片，在图片下方有说明图标名称或功能的文字，它可以代表文件、文件夹、程序、快捷方式或是其他项目。

2．桌面上图标的类型

桌面上的图标一般可分成3个类型：常用型图标、快捷方式与文件文件夹的图标，这3种图标所代表的含义不太一样，除此之外还有一个 Internet Explorer（IE），它既不是快捷方式也不是常用图标，而是一个特别的桌面图标，可以把它当作常用图标来看待。

3．快捷方式图标

快捷方式图标代表与某个项目的链接，它不是项目本身，双击快捷方式图标就可以打开该项目。如果删除快捷方式图标，则只会删除这个快捷方式图标本身，而不会删除它所指向的项目，快捷方式图标上有一个箭头，表明它是一个快捷方式。

4．常用型图标

常用型图标指的是 Windows 7 系统定义的5种最常用项目的图标："计算机""用户的文件""网络""回收站""控制面板"。通常，在 Windows 7 刚安装好第一次进入系统时在桌面上只有"回收站"图标，它们指向特定的项目，本质上类似快捷方式，由于是系统预先定义的，添加与删除它们的方法与快捷方式不同。

5．文件或文件夹图标

文件或文件夹图标代表的是文件或文件夹本身，图标所代表的文件或文件夹就在桌面上，添加一个文件或文件夹就会出现其相应的图标，删除图标则相应的文件或文件夹也同时被删除。

任务实现过程

1．在桌面上添加常用图标

要求：在桌面上添加常用的"计算机""网络""回收站"图标。

在桌面上空白处右击，在弹出的快捷菜单中选择"个性化"命令，弹出图2-6所示的窗口，单击"更改桌面图标"超链接，弹出图2-7所示的"桌面图标设置"窗口，勾选"计算机""网络""回收站"复选框，取消勾选"用户的文件""控制面板"复选框，单击"确定"按钮，"计算机""网络""回收站"3个图标即出现在桌面上，如图2-8所示。

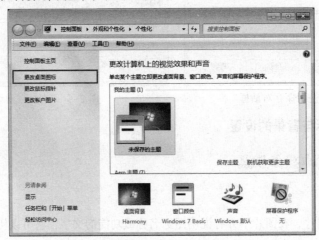

图2-6　"个性化"窗口

图 2-7　"桌面图标设置"对话框

图 2-8　桌面上添加的图标

> **○ 说明**
>
> 　删除常用图标可以在图标上右击，在弹出的快捷菜单中选择"删除"命令。也可以使用添加常用图标的方式，在"桌面图标设置"对话框中清除要删除图标的复选框。

可以修改常用图标的文字标题，修改方法为在图标上右击，在弹出的快捷菜单中选择"重命名"命令，然后输入相应的新名称后按【Enter】键即可；还可以修改常用图标的样式，在"桌面图标设置"对话框单击"更改图标"按钮即可修改相应的图标，单击"还原默认值"按钮可以还原系统默认的图标样式。

2. 在桌面上添加一个文件图标

要求：在桌面上添加一个文本文件并重命名为"日常记事"。

图 2-9　文本图标

在桌面空白处右击，弹出快捷菜单，选择"新建"→"文本文档"命令，桌面上出现图 2-9 所示的文本文档图标，可以直接输入文字对其重命名；也可以在已经存在的图标上右击，在弹出的快捷菜单中选择"重命名"命令，再输入文字。

> **○ 说明**
>
> 　文本文件图标其实是一个文本文件，用相同的方法可以在桌面上添加其他文件图标如"WPS 文字 文档""WPS 表格 工作簿""文件夹图标"等，不同类型的文档显示的图标一般也是不相同的，可以根据不同的图标来识别文件。

若要删除文件与文件夹图标，在相应的文件或文件夹图标上右击，在弹出的快捷菜单中选择"删除"命令，要注意的是文件与文件夹图标代表的是文件或文件夹本身，删除后文件或文件夹即被放入回收站，这与常用图标不同。

3. 在桌面上添加一个快捷方式

要求：在桌面上添加一个计算器程序的快捷方式图标。

在桌面上空白处右击，在弹出的快捷菜单中选择"新建"→"快捷方式"命令，弹出图2-10所示的"创建快捷方式"对话框，单击"浏览"按钮，弹出图2-11所示的对话框，依次单击"计算机"→"C:"→"Windows"→"System32"左边的小三角，最后找到"calc.exe"，如图2-12所示，单击"确定"按钮，在弹出的对话框中单击"下一步"按钮，弹出图2-13所示的对话框，修改快捷方式名称为"计算器"后单击"完成"按钮。

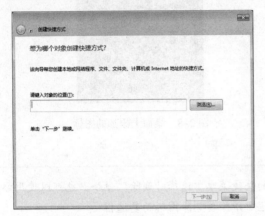

图2-10 "创建快捷方式"对话框

图2-11 "浏览文件或文件夹"对话框

图2-12 选择calc.exe

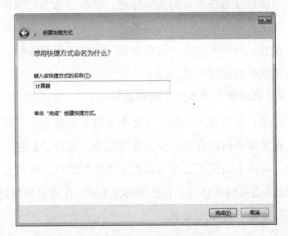

图2-13 更改快捷方式名称

○说明

快捷方式图标代表与某个项目的链接，它不是项目本身，双击快捷方式可以打开项目，是执行项目的一种快捷方法。如果删除快捷方式图标，只会删除快捷方式，不会删除它所指向的项目，快捷方式的图标上通常有一个小箭头。

快捷方式图标的删除方法：在图标上右击，在弹出的快捷菜单中选择"删除"命令；也可以单击图标，按【Delete】键。

快捷方式图标的修改：在快捷方式图标上右击，在弹出的快捷菜单中选择"重命名"命令，然后输入相应的新名称后按【Enter】键；快捷方式还可以修改图标样式，在快捷方式图标上右击，在弹出的快捷菜单中选择"属性"命令，在"属性"窗口的"快捷方式"选项卡中单击"更改图标"按钮即可修改相应的图标。

4．修改桌面上图标的排列和查看方式

要求：将桌面上的图标按名称进行排序，并使用中等图标、自动排列图标、将图标与网格对齐。

在桌面上空白处右击，在弹出的快捷菜单中选择"排序方式"→"名称"命令，如图 2-14 所示，桌面上的图标就会按名称排序；如图 2-15 所示，选择"查看"→"中等图标"命令，桌面上的图标就显示为中等图标，同样的方式可以设置"自动排列图标"与"将图标与网络对齐"。

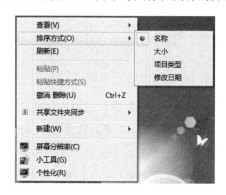

图 2-14　选择图标排序方式

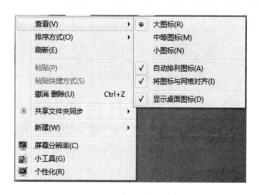

图 2-15　选择图标查看方式

> **◎ 说明**
>
> 排序方式是一次性的，用户改变了排序条件后系统将图标按所选择的方式排序一次，此后如果用户移动了桌面上的图标，系统不会自动重新排序。

在图 2-15 所示菜单中还有"自动排列图标""将图标与网格齐""显示桌面图标"3 个命令，它们的含义如下：

（1）自动排列图标：当用户移动图标时，桌面上的图标会自动排列，排列的方式并不会按照指定方式进行。

（2）将图标与网络对齐：当用户没有选择自动排列图标、将图标与网格对齐时，用户可将图标移动到桌面的任意位置，如果选择了将图标与网络对齐，桌面就划分为图标大小的网格，图标只能在网格中移动。

（3）显示桌面图标：有的用户喜欢将文件、文件夹、程序放在桌面上，而有的用户喜欢一个干净的桌面，取消选择此项，桌面上的图标将会全部隐藏。

5．桌面背景设置

要求：将桌面背景设置为单幅图片。

在桌面上空白处右击，在弹出的快捷菜单中选择"个性化"命令，如图 2-16 所示。

在打开的"个性化"窗口中单击下方的"桌面背景"超链接，如图 2-17 所示。

图 2-16 桌面快捷菜单

图 2-17 "个性化"窗口

打开图 2-18 所示的窗口，在"图片位置"下拉列表框中列出了系统默认的图片存放位置，包括"Windows 桌面背景""图片库""纯色"等，这里默认选择"Windows 桌面背景"，此时下方会显示"Windows""场景""风景""建筑""人物""中国"和"自然"6 个分组，这里选择"风景"组中的第四幅图片"img10.jpg"，在窗口下部"图片位置"的下拉列表框中选择"填充"，最后单击"保存修改"按钮回到桌面，完成后效果如图 2-19 所示。

图 2-18 选择桌面背景窗口

图 2-19 背景设置完成的桌面

⊙ 说明

　　Windows 7 桌面的背景还可以设置成幻灯片形式，在图 2-18 中单击"全选"按钮或是在中间的图片列表框中选择多幅图片（点击图片左上角的小方框），这时窗口下部的"更改图片时间间隔"被激活，可以选择桌面图片更改的时间间隔，如果同时还选择了"无序播放"复选框，桌面背景在播放时就是随机的，否则就为顺序循环播放。

　　Windows 7 桌面的背景还可以使用用户自定义的图片，如果用户想使用自己的图片作为桌面背景，可以在图 2-18 中单击"浏览"按钮，弹出"浏览文件夹"对话框，选择图片所存放的目录后单击"确定"按钮，所选文件夹中的图片将会被显示到窗口中间的图片列表框中，根据上述的方法进行设置即可。

Windows 7的设计更加人性格化，除桌面背景外，还可以根据自己的爱好选择"窗口颜色""声音""屏幕保护程序"等。

6.屏幕保护程序设置

要求：设置屏幕保护程序为"变幻线"，等待时间为10分钟。

在图2-17窗口下部单击"屏幕保护程序"超链接，弹出如图2-20所示的对话框，在"屏幕保护程序"下拉列表框中选择"变幻线"，在"等待"文本框中输入"10"，然后单击"确定"按钮。

○说明

要查看屏幕保护程序的效果可以单击"预览"按钮，单击后不要移动鼠标也不要敲击键盘，屏幕上将出现运行屏幕保护程序后的效果，如果想在结果屏幕后要求输入密码，请选择"在恢复时显示登录屏幕"复选框。

图2-20 屏幕保护程序设置

任务三 任务栏的设置

任务涉及的主要知识点

任务栏通常是位于屏幕底部的一个狭长的长条形区域，在任务栏中间部分用来显示正在运行的程序，单击任务栏中部的程序图标可以在运行程序之间进行切换，右击可对程序进行管理，任务栏的右边是通知区域，包括时钟及显示一些特定程序与计算机设置状态的图标。

任务实现过程

1.任务栏外观设置

要求：将任务栏外观设置为锁定、非自动隐藏、不使用小图标、在屏幕底部、当任务栏被占满时合并。

在任务栏上空白处右击，在弹出的快捷菜单中选择"属性"命令，如图 2-21 所示，弹出"任务栏和「开始」菜单属性"对话框，如图 2-22 所示，在"任务栏"选项卡中，选择"锁定任务栏"复选框，取消选择"自动隐藏任务栏"和"使用小图标"复选框，在"屏幕上的任务栏位置"下拉列表框中选择"底部"选项，在"任务栏按钮"下拉列表框中选择"选项当任务栏被占满时合并"。

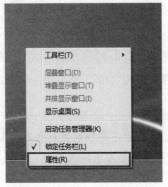

图 2-21　任务栏快捷菜单

图 2-22　"任务栏和「开始」菜单属性"对话框

> ◉说明
>
> 　　任务栏本身的大小也可以改变，在图 2-22 中取消选择"锁定任务栏"复选框，使任务栏处于非锁定状态，将鼠标指针移动到任务栏的边缘，直到指针变为双箭头 ↕，然后拖动边框将任务栏调整为所需要的大小。

2．通知区域设置

要求：将任务栏通知区域设置为始终在任务栏上显示所有图标和通知，只打开时钟、音量、网络系统通知图标。

在图 2-22 中单击"自定义"按钮，弹出图 2-23 所示"选择在任务栏上出现的图标和通知"对话框，选择"始终在任务栏上显示所有图标和通知"；再单击"打开或关闭系统图标"超链接，弹出图 2-24 所示的"打开或关闭系统图标"对话框，在列表框中将"时钟""音量""网络"设置打开，其他设置为关闭。

图 2-23　通知区域图标

图 2-24　打开或关闭系统图标

○ 说明

在图 2-23 中，取消选择"始终在任务栏上显示所有图标和通知"复选框，用户就可以自定义每个图标及其"通知"在任务栏中的行为方式，在下拉列表框中有 3 个选项：（1）"显示图标和通知"在任务栏的通知区域中始终保持图标的可见并显示所有通知；（2）"隐藏图标和通知"图标被隐藏而且通知也不显示；（3）"仅显示通知"隐藏图标，但如果程序触发通知气球，则在任务栏上显示该程序。在非"始终保持图标的可见并且显示所有通知"状态下，通知区域左边通常会有一个小三角，单击小三角就能看到隐藏的图标，可将其拖动到任务栏上，图标就变成显示状态，也可将任务栏上的小图标拖动到桌面上，图标就变成隐藏状态。

3．锁定程序到任务栏

要求：将桌面上的"计算器"快捷方式锁定到任务栏。

在桌面上右击"计算器"快捷方式图标，弹出图 2-25 所示的快捷菜单，选择"锁定到任务栏"命令，计算器程序就被锁定到任务栏上，效果如图 2-26 所示。

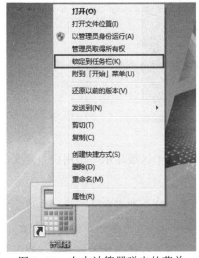

图 2-25　右击计算器弹出的菜单

图 2-26　锁定计算器程序的任务栏

○ 说明

① 在任务栏锁定的程序图标上右击，弹出图 2-27 所示的菜单，这个菜单被称为"程序的跳转列表"，选择"将此程序从任务栏解锁"命令即可将该程序图标从任务栏上删除。

② 类似 Windows XP 中的快捷工具栏在 Windows 7 中默认是不显示的，与其功能相似的是锁定于任务栏上的程序图标，这种管理图标的方式比快捷工具栏更方便一些。

图 2-27　右击锁定于任务栏上的图标弹出的菜单

任务四　开始菜单的设置

任务涉及的主要知识点

（1）开始菜单："开始"菜单通常在屏幕的左下角，任务栏的左边，通过"开始"菜单几乎可以运行所有程序、可以打开文件夹、可以进行计算机设置，如图 2-28 所示。

图 2-28　"开始"菜单

（2）自定义程序列表区：在"开始"菜单的左上方，这个区域显示一个用户自定义的程序列表，用户可以把最常用的程序放在这里，方便使用。

（3）最近运行程序列表区：在"开始"菜单左边中部，这个列表由系统自动生成，它将用户最近运行过的程序显示在这里，默认的数目是 10 个，用户可以修改要显示的程序个数。

（4）所有程序列表区：在"开始"菜单左边下部，当用户有程序找不到时，将鼠标指针移动到这个区域，在左边窗格中将显示一个按字母排序的长列表，下面是文件夹，在这里用户可以找到几乎所有正常安装的程序。

（5）搜索框：在"开始"菜单左边底部，搜索框是在计算机上查找项目比较快捷的方法，搜索框的查找范围包括程序、个人文件夹（包括"文档""图片""音乐""桌面"以及其他常见位置）中的所有文件夹，所以搜索时不用提供项目的位置。另外，系统还会搜索一些其他位置，如系统定义的电子邮件联系人列表等。使用搜索框时，搜索结果将显示在"开始"菜单左边窗格中搜索框的上方。

（6）常用文件、文件夹、设置功能列表区：在这个区域系统提供对常用文件夹、文件、设置和功能的访问，默认显示为"链接"，用户可以修改显示方式为"菜单"。"链接"与"菜单"的不同在于，"链接"是直接在 Windows 资源管理器中打开相关文件夹而"菜单"是将其中项目以"菜单"的形式显示。

（7）电源按钮区：在"开始"菜单右边的下部，在电源按钮的选项列表框中提供了"切换用户""锁定""重新启动""睡眠""关机"等几个选项，用户可以设置在电源按钮上显示那个选项，如图 2-29 所示。

任务实现过程

1．将程序图标加到"开始"菜单的自定义程序列表区

要求：将"画图"程序加到自定义程序列表区。

单击"开始"按钮，在"所有程序"→"附件"→"画图"命令上右击，弹出图 2-30 所示的快捷菜单，选择"附到「开始」菜单"命令，"画图"程序即附到"开始"菜单的"自定义程序列表区"，效果如图 2-28 所示。

图 2-29　电源按钮选项　　　　图 2-30　将画图附到"开始"菜单

> ○说明
>
> 　　在文件夹上右击，弹出的快捷菜单中设有"附到开始菜单"命令，这时直接拖动文件夹到"开始"菜单上，即可加入自定义程序列表区。

2．设置最近运行程序列表数目

要求：将"最近运行程序列表区"显示数目设置为 5。

在"开始"按钮上右击，选择"属性"命令，弹出图 2-31 所示的"任务栏和「开始」菜单属性"对话框，单击"自定义"按钮，弹出图 2-32 所示的"自定义「开始」菜单"对话框，在"要显示的最近打开过的程序的数目"文本框中输入"5"，单击"确定"按钮。

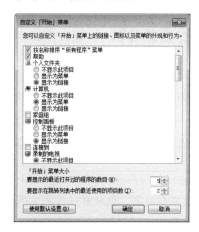

图 2-31　"任务栏和「开始」菜单属性"对话框　　　图 2-32　"自定义「开始」菜单"对话框

3. 使用搜索框

要求：通过在搜索框中输入"画图"来运行画图程序。

在"开始"菜单的搜索框中输入"画图"后出现图 2-33 所示的界面，选择"开始"→"画图"命令即可运行"画图"程序。

4. 设置电源按钮

要求：设置电源按钮为注销。

右击"开始"按钮，选择"属性"命令，弹出图 2-31 所示的对话框，在"电源按钮操作"下拉列表框中选择"注销"，单击"确定"按钮，在电源按钮区就显示为"注销"了。

5. 设置常用文件、文件夹、设置功能列表区

要求：设置常用文件、文件夹、设置功能列表区中的"计算机"显示方式为菜单。

打开图 2-32 所示的对话框，在中间的列表框中找到"计算机"选项，选择"显示为菜单"单选按钮后单击"确定"按钮，效果如图 2-34 所示。

图 2-33　搜索画图结果

图 2-34　计算机为菜单显示方式效果

任务五　桌面小工具的设置

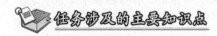

桌面小工具可以提供即时信息、访问常用工具等功能，例如，显示图片幻灯片、日历、时钟等。

任务实现过程

要求：在桌面上添加"日历"和"时钟"两种桌面小工具。

在桌面上空白区域右击，在弹出的快捷菜单中选择"小工具"命令，打开图 2-35 所示的"小工具库"，右击窗口中的"日历"图标，在弹出的快捷菜单中选择"添加"命令，"日历"小工具就添加到桌面上了；用同样的方法可以在桌面上添加"时钟"小工具，完成后效果如图 2-36 所示。

> ● 说明
>
> 　　由于安全问题，微软建议用户关闭桌面小工具，桌面小工具的思想在 Windows 8 中以其他的方式出现。

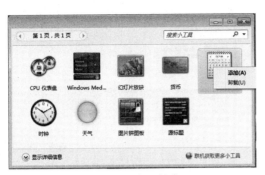

图 2-35　小工具库　　　　　　　　　图 2-36　时钟与日历桌面小工具

任务六　用户账户设置

任务涉及的主要知识点

用户账户是用来管理使用计算机的用户能够访问哪些资源，这些资源可以是文件、文件夹、桌面背景、屏幕保护程序等；使用用户账户，每个使用计算机的用户可以拥有自己的文件和设置，使多个用户可以共享同一台计算机而互不干扰，每个用户都可以有自己的用户名和密码。

Windows 7 有 3 种类型的账户，每种有不同的权限，标准账户适于日常用户使用，管理员账户拥有对计算机的最高权限，一般不使用；来宾账户主要给临时计算机用户使用。

任务实现过程

要求：修改管理员账户密码为"12345678"。

单击"开始"按钮，选择右边的设置功能列表区中的"控制面板"命令，打开图 2-37 所示的窗口，在窗口中单击"用户账户和家庭安全"超链接，打开图 2-38 所示的窗口，单击右边的"更改 Windows 密码"超链接，打开图 2-39 所示的窗口，单击"为您的账户创建密码"超链接，弹出图 2-40 所示的对话框，在"新密码"文本框中输入"12345678"，"确认新密码"文本框中再输入一次"12345678"，最后单击"创建密码"按钮就将 Windows 7 系统的管理员密码修改为"12345678"。

图 2-37　"控制面板"窗口　　　　　　图 2-38　"用户账户和家庭安全"窗口

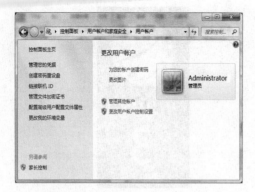

图2-39 "用户账户"窗口

图2-40 "创建密码窗口"对话框

⊙说明

① 如果系统原来已经设置了密码，则在图2-39中显示的就不是"为您的账户创建密码"了，而是"更改密码"与"删除密码"，这时更改密码时要先输入原来的密码才能输入新的密码，删除密码时也要先输入当前密码。

② 本例将密码设置为"12345678"，在实际应用的密码应该设置得足够复杂来保证密码不被别人猜到，例如，可以是字母与数字的组合，有时还可加上一些特殊符号。

任务七　显示与外观设置

任务涉及的主要知识点

（1）屏幕分辨率：是确定屏幕上显示信息多少的参数，用水平方向与垂直方向能显示的像素点来衡量，例如常见的屏幕分辨率有 800×600、$1\,024 \times 768$、$1\,280 \times 1\,024$ 等，前一个数字为水平方向的像素数，后一个为垂直方向的像素数，分辨率越高屏幕上显示的项目越多，项目也越清楚，项目也越小；分辨率越低屏幕上显示的项目越少，项目的尺寸也越大；屏幕分辨率可以设置的分辨率取决于显示器支持的分辨率与视频卡的类型；尺寸大小相近的 CRT 显示器的分辨率通常比 LCD 小。

（2）原始分辨率：LCD 显示器上的像素间距在制造时就已经固定，所以 LCD 的最大分辨率是固定的，通常把这个最大分辨率称为"原始分辨率"，当将屏幕分辨率设置成 LCD 的原始分辨率时，显示图像的点与 LCD 显示器上的像素点是一一对应的，这时的显示效果最佳，用户可以看到最清晰的文本和图像；如果设置成其他较小的分辨率就要通过算法把图像扩充到相邻的像素点上，从而使图像清晰度与效果差；CRT 显示器显示原理不同，在支持不同的分辨率上较有弹性。

（3）显示器刷新率：是 CRT 显示器特有的问题，指的是电子束对屏幕上图像重复扫描的次数，刷新率越高显示器屏幕上的图像闪烁感就越小；LCD 显示器由于显示原理不同所以不存在刷新率问题。

（4）显示器颜色设置：指的是设置计算机屏幕上的一个点所呈现颜色的取值范围，取值范围越大，所能表现的颜色也就越丰富，但占用的计算机资源也就越多，在设置时用进制的位数来表示，1 位二进制能表示黑和白两种状态，8 位表示 256 种颜色，16 位能表示 65 536 种，还有 24

位走到 32 位超过 16.7 百万色，通常把 32 位色称为真彩色。

 **任务实现过程**

1. 屏幕分辨率设置

要求：将屏幕设置为合适的分辨率。

在桌面上空白区域右击，在弹出的快捷菜单中选择"屏幕分辨率"命令，弹出图 2-41 所示的对话框，在窗口的中部可以看到系统正在使用的"分辨率"和"方向"，单击"分辨率"下拉按钮，弹出图 2-42 所示的分辨率选择列表框，拖动滑块，选择"1280×1024"，然后在图 2-42 以外的空白位置单击，再单击"确定"或"应用"按钮，屏幕上即可看到设置后的效果。

图 2-41 更改显示器的外观

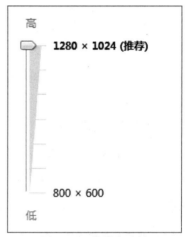

图 2-42 分辨率选择

> ○**说明**
>
> "确定"与"应用"按钮的不同点在于，单击"确定"按钮时会关闭对话框，而单击"应用"按钮时不会关闭对话框。设置分辨率后有时屏幕会变黑，如果设置的分辨率当前显示器不能支持，屏幕会在 15 s 后还原成原来的设置。对于 LCD 显示器最好将其分辨率设置为原始分辨率，对于 CRT 显示器设置为合适的分辨率。分辨率修改后会影响所有计算机上的用户。

2. 显示器刷新率设置

要求：将显示器设置为合适的刷新率。

在图 2-41 中单击"高级设置"超链接，弹出图 2-43 所示的对话框，选择"监视器"选项卡，在"屏幕刷新率"下拉列表框中选择合适的刷新频率，然后单击"确定"按钮。

> ○**说明**
>
> 对于 CRT 显示器，由于采用电子枪轰击荧光屏产生图像，如果刷新的频率低于 75 就会有较明显的闪烁，长时间观看闪烁的屏幕会使人产生眼睛疲劳和头痛等不适感，所以应该将其刷新频率设置为 75 以上，如设备允许最好设置为 85，但不是每个屏幕分辨率与每个刷新频率都兼容，有时会出现不兼容的情况，这时 CRT 显示器屏幕会变黑，等待 15 s 会还原成原来的配置。

图 2-43　监视器与显示适配器属性对话框

对于 LCD，由于其显示原理与 CRT 不同，所以对刷新频率没有要求，通常不用设置就使用系统默认值即可。

3．显示器颜色设置

要求：设置显示器显示的最佳颜色。

在图 2-43 "颜色" 下拉列表框中选择合适的颜色深度。

> 通常颜色深度应该选择 "真彩色（32 位）"，但选择越高的颜色深度对计算机的资源要求就越多。

项目二　Windows 7 硬盘操作与文件管理

要利用计算机来提高工作效率，就要管理好计算机中的文件，熟练掌握 Windows 7 操作系统对用户文件的存储方式，掌握快捷高效的文件管理方法；计算机存储文件的介质（设备）有硬盘、软盘、光盘、U 盘、磁带等，在网络与大数据存储发达的今天还出现了网盘；但计算机中最普遍的存储介质还是硬盘；本项目通过小张的工作场景来学习如何在 Windows 7 系统中管理计算机的硬盘、文件与文件夹。假设小张原有的工作资料放在 C 盘的 "以往资料" 文件夹中，现在他购买了一块新硬盘，并将它安装到计算机中，他计划将新的硬盘分成两个分区，其中一个分区格式化后驱动器号指定为 X，在 X 盘中创建分年度的工作文件夹，然后整理计算机 C 盘中原有的资料，并将整理好的文件复制到 X 盘中按年度分类的文件夹中存放，完成后将 C 盘的 "以往资料" 文件夹删除，这样文件既容易查找也不容易出错。

为模拟在计算机中添加一块新硬盘，首先利用 Windows 7 磁盘管理工具通过创建虚拟磁盘文件的方法虚拟一个硬盘，再将磁盘初始化、分区，分区格式化后指定驱动器号为 X 卷标为"工作资料"；第二步查看 X 盘的容量、检查 X 盘的文件系统是否存在错误、对磁盘进行分析，观察是否需要进行磁盘碎片整理；第三步在 X 盘根目录下建立用于存放不同类别文件的文件夹；第四步将 C 盘下"以往资料"文件夹中的文件分类转移到 X 盘中的相关文件夹中存放，再将 C 盘中的"以往资料"文件夹和其中的文件删除；第五步在"X:\工作资料\2014 年度\工作总结"文件夹中创建一个名为"2014 总结"的文本文件，将其设置为"只读""隐藏"，并通过设置文件夹选项来查看隐藏文件与文件的扩展名；第六步从图 2-44 中可以看到工作资料是分年度存放的，如果想同时看到所有年度的工作计划，往往需要不停地在文件夹之间切换，或临时将它们复制到一起，既烦琐又容易出错，这时可以将文件夹加入到 Windows 7 库中进行管理就能很好地解决这个问题。

计算机中各逻辑盘的内容如表 2-1 所示，X 盘的文件夹结构如图 2-44 所示。

表 2-1　磁盘分区内容说明

盘符	卷标	文件内容	主要文件夹结构	产生方式
C		安装 Windows 7 操作系统与应用程序	Windows、Program Files、以往资料等	系统建立，原先存放
X	工作资料	存放工作文件	工作资料、其他文件等	自建

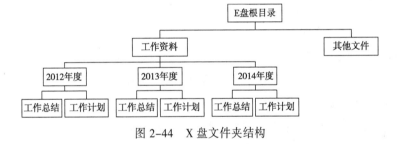

图 2-44　X 盘文件夹结构

 项目分解

在实施过程中，将项目分解为以下 3 个任务，逐一解决：
- Windows 7 中磁盘管理工具使用。
- Windows 7 中文件和文件夹的管理。
- Windows 7 中库管理方式。

任务一　Windows 7 中磁盘管理工具的使用

任务涉及的主要知识点

（1）磁盘分区：硬盘是计算机上存储信息的主要设备，但一个新的硬盘不能直接使用，需要对硬盘进行初始化，初始化后的硬盘可以划分成一个或多个磁盘分区，通常磁盘分区格式化后分配一个驱动器号就能使用了；在基本磁盘（MBR 分区表类型，也是最常见的磁盘类型）上，通常有主分区和扩展分区两种类型的分区，主分区直接格式化后分配驱动器号就能使用，只有在主分区上才可以安装操作系统，一个磁盘上最多能有 4 个分区，这 4 个分区可都是主分区，但如果要将一个磁盘建立超过 4 个部分就必须引入扩展分区，一个磁盘上只能有一个扩展分区，在扩展分区上能建立逻辑分区，逻辑分区个数的多少只受磁盘大小限制，但过多的逻辑分区（超过 26 个）就无法分配到驱动器号。

（2）卷：卷代表主分区或逻辑分区（逻辑驱动器），在 Windows 中卷与分区的概念经常表达相同的意思。

（3）逻辑分区：有时也称逻辑驱动器，通常指在扩展分区上划分硬盘分区。

（4）驱动器号：主分区或逻辑分区格式化后分配到的一个编号，用单个英文字母来表示，A、B 通常保留给软盘或移动驱动器，C 通常用来标记系统盘，最多能分配到 Z，也就是不能超过 26 个，但如果真的磁盘分区超过了 26 个可装入空白的 NTF 文件夹中。

（5）卷标：分区或卷的名字，通常不能超过 32 个英文字符。

（6）磁盘格式化：是在新建立的分区上建立文件系统的过程，格式化会清除分区上的所有文件。另外格式化还完成一些其他的工作。

（7）文件系统：对所在分区的存储空间进行组织和分配，简单的说就是负责文件管理，包括建立、删除、修改等。

📽 任务实现过程

1. 虚拟磁盘的建立与初始化

要求：使用磁盘管理工具建立一个 10 GB 大小的虚拟磁盘并初始化磁盘。

（1）在桌面"计算机"图标上右击，在弹出的菜单中选择"管理"命令，打开图 2-45 所示的"计算机管理"窗口，单击左边的"磁盘管理"，在窗口右边装载了 "磁盘配置信息"，在这个窗体中显示了系统中已经安装的磁盘容量与分区大小，如图 2-46 所示。

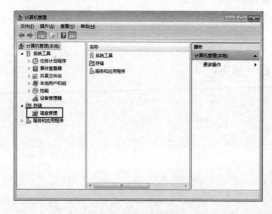

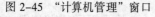

图 2-45　"计算机管理"窗口

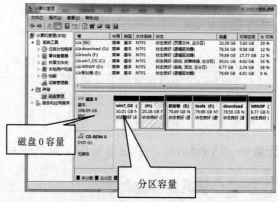

图 2-46　磁盘管理

（2）单击图 2-46 中的"操作"→"创建 VHD"命令，弹出如图 2-47 所示的对话框，在"位置"文本框中输入"G:\mytest.vhd"，在"虚拟硬盘大小"右边输入"10"，并选择"GB"，"虚拟硬盘格式"选择"动态扩展"，然后单击"确定"按钮，就会出现图 2-48 中磁盘 2 所示的虚拟硬盘。

图 2-47 创建和附加虚拟硬盘

图 2-48 10 GB 的虚拟硬盘

（3）在图中"磁盘 2"处右击，在弹出的菜单中选择"初始化磁盘"命令，弹出图 2-49 所示的对话框，单击"确定"按钮，磁盘 2 初始化完成。

图 2-49 初始化磁盘

○说明

① 本例中为了实验方便建立了一个 VHD 格式的虚拟硬盘，并对硬盘进行了初始化，虚拟硬盘是在已有的硬盘分区上建立一个文件来模拟硬盘的技术，以上"G:\mytest.vhd"中的 G 表示存放虚拟硬盘文件的真实的磁盘分区，在实际操作中要修改为真实环境中的磁盘分区。

② 如操作的是真实的硬盘，不需要建立虚拟磁盘文件的过程，只要初始化操作即可。

③ 由于是模拟操作所以创建的虚拟磁盘大小为 10 GB，真实的磁盘空间现在已经达到几个 TB 的容量。

④ 在图 2-47 中如果选择"固定大小"选项，优点是可以提高虚拟磁盘中文件的存取效率，缺点是虚拟磁盘一旦创建就会占用大量磁盘空间。

2. 建立磁盘分区

要求：在已经建好的虚拟磁盘上建立一个 5 GB 大小的分区。

（1）在图 2-48"10.00 GB 未分配"所在白色方框内右击，在弹出的菜单中选择"新建简单卷"命令，弹出"新建简单卷向导"对话框，单击"下一步"按钮，弹出图 2-50 所示的界面。

（2）在"简单卷大小"文本框中输入"5000"，单击"下一步"按钮，弹出图 2-51 所示的界面。

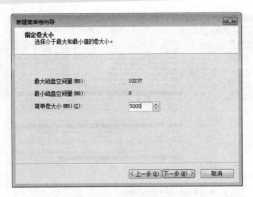

图 2-50 指定卷大小

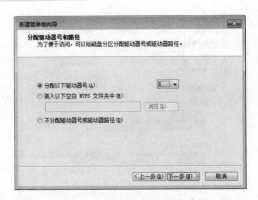

图 2-51 分配驱动器号和路径

（3）在"分配以下驱动器号"右边下拉列表框中选择"X"，单击"下一步"按钮，弹出图 2-52 所示的界面。

（4）选择"按下列设置格式化这个卷"，在"文件系统"下拉列表框中选择"NTFS"，在"卷标"文本框中输入"工作资料"，选择"执行快速格式"复选框，单击"下一步"按钮，在弹出的界面中单击"完成"按钮。

（5）这样就建立了一个驱动器号为 X，卷标为"工作资料"，容量为 5 GB 的主磁盘分区，如图 2-53 所示。

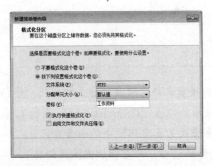

图 2-52 格式化分区

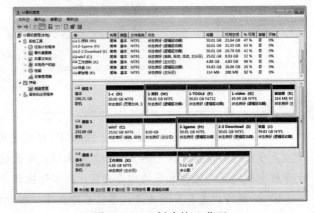

图 2-53 已创建的 X 分区

> **○说明**
>
> ① 在 Windows 7 中为了简化操作，在新建分区时 Windows 并未给出分区类型的选项，Windows 给出一个卷的概念，卷在这里代表了主分区、扩展分区、逻辑驱动器，Windows 会自动根据情况确定要建立的是什么分区，建立前 3 个分区时建立的都是主分区，当建立第四个分区时 Windows 自动建立一个扩展分区，并在扩展分区上建立一个逻辑驱动器，至于 Windows 到底建立的是什么类型的分区可以从图 2-53 底部的说明与分区上所标志的颜色来识别，普通用户并不用明确区分它们。
>
> ② 如果要格式化已经存在的磁盘分区，可以在区上右击，在弹出的菜单中选择"格式化"命令，过程与本步中的操作类似，另外在桌面"计算机"图标上双击，在出现的窗口中单击要

格式化的分区或逻辑驱动器，然后右击，在弹出的菜单中选择"格式化"命令也可以完成格式化，但在对已经存在的分区或逻辑驱动器格式化时将该分区或逻辑驱动器上的数据全部清空，一定要注意有用数据的备份，格式化过程如图2-54～图2-57所示。

图 2-54　格式化 X 盘　　　　　　　　　图 2-55　格式化选项

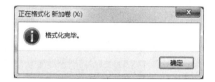

图 2-56　确认格式化对话框　　　　　　　图 2-57　格式化完成

3．查看磁盘属性

要求：查看 X 盘文件系统与容量、可用空间、已用空间的大小。

在桌面"计算机"图标上双击，在打开的窗口中右击"工作资料（X：）"盘，在弹出的菜单中选择"属性"命令，弹出图 2-58 所示的对话框，在窗口中可以查看到，X 盘的文件系统为"NTFS"，容量为"4.88 GB"，可用空间为"4.83 GB"，已用空间为"52.8 MB"。

> **说明**
>
> X 盘的容量在分区是输入的是 5000 MB 也就是 5 GB，但文件系统及分区要占用一些空间，所以并是完整的 5 GB，而是比 5 GB 小一些。

4．使用磁盘工具

要求：使用磁盘检查工具与磁盘碎片整理工具对 X 盘进行检查与整理。

（1）在桌面"计算机"图标上双击，在打开的窗口中右击"工作资料（X：）"盘，在弹出的菜单中选择"属性"命令，弹出图 2-58 所示的对话框，选择"工具"选项卡，如图 2-59 所示单击"开始检查"按钮，弹出图 2-60 所示的对话框，单击"开始"按钮，系统开始对 X 盘进行错误扫描，扫描完成后如无错误则弹出图 2-61 所示的对话框，单击"查看详细信息"按钮可观察扫描报告，单击"关闭"按钮完成磁盘检查，如在检查过程中发现错误，系统将自动修复并给出报告，图 2-62 所示是一个有错误磁盘的检查报告。

图 2-58　"工作资料（X:）属性"对话框

图 2-59　选择"工具"选项卡

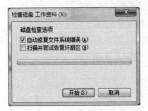

图 2-60　磁盘检查选项

图 2-61　检查无错误报告窗口

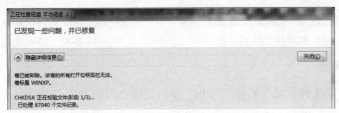

图 2-62　检查有错误并修复报告窗口

（2）在图 2-59 中单击"立即进行碎片整理"按钮，弹出图 2-63 所示的对话框，在"当前状态"列表框中选择需要整理的磁盘，单击"分析磁盘"按钮系统就开始分析选中磁盘上的"碎片"，如果磁盘上的"碎片"大于 10% 则需要进行磁盘整理；单击"磁盘碎片整理"按钮就会开始磁盘碎片整理。

图 2-63　"磁盘碎片整理程序"对话框

> **◎说明**
>
> 在运行"磁盘碎片整理程序"时，可能需要输入管理员密码，"磁盘碎片整理程序"只能对 NTFS、FAT、FAT32 文件系统磁盘进行整理。

任务二　Windows 7 中文件和文件夹的管理

任务涉及的主要知识点

（1）计算机文件：简称文件，根据百度百科上的定义，计算机文件是以计算机硬盘为载体存储在计算机上的信息集合，是具有符号名的，在逻辑上具有完整意义的一组相关信息项的有序序列；在 Windows 7 的帮助文件中的定义是，文件是包含信息（例如文本、图像或音乐）的项；读者可以简单地认为文件是一组相关的信息在计算机中的存储方式，如一篇文章，一部电影，一首音乐，它有一个文件名，有所占用存储空间大小，有存储位置，Windows 7 系统中文件用图标（一个小图片）表示；通过为不同的文件类型指定不同的图标来标识文件。

（2）文件类型：也叫文件格式，根据百度百科上的定义，是指计算机为了存储信息而使用的对信息的特殊编码方式，是用于识别内部存储的资料；例如，有的存储图片，有的存储程序，有的存储文字信息；每一类信息，都可以一种或多种文件格式保存在计算机中。每一种文件格式通常会有一种或多种扩展名可以用来识别，但也可能没有扩展名，扩展名可以帮助应用程序识别文件格式。

（3）文件扩展名：是操作系统用来标识文件格式的一种机制，在 Windows 中文件名通常由一个主文件名和一个扩展名构成，扩展名在主文件名的后面，中间用一个"."作为分隔符分隔，在 Windows 7 中扩展名可以有多个，但系统只识别最后一个，双击文件时，如果系统已经注册了相应扩展名的打开程序，系统就会调用相应的程序来打开文件，例如 readme.txt 文件，系统一般会用记事本来打开这个文件。

（4）文件夹：是一个文件容器。每个文件都存储在文件夹或"子文件夹"（文件夹中的文件夹）中，如果将文件比作树叶，文件夹就可比作树枝，树叶可以长在任何一个树枝上，树枝上也可以再长树枝。

（5）路径：在表示磁盘上文件的位置时，所经过的文件夹线路称为路径，路径分成绝对路径和相对路径两种，绝对路径从根目录开始的路径，以"\"作为开始；相对路径从当前文件夹开始的路径。

（6）根目录：在安装 Windows 7 操作系统的计算机文件系统中，根目录指的是逻辑驱动器中的第一级目录，其他目录都包含在它之下，被称为子目录，它就像是一棵树的"根"一样，所有其他的分支都是以它为起点，所以将其命名为根目录。

（7）剪贴板：是指 Windows 操作系统提供的一个暂存数据并且提供共享的一个模块，也称为数据中转站。剪贴板在后台起作用，在内存中是操作系统设置的一段存储区域，新的内容送到剪贴板后，将覆盖旧内容。

（8）回收站：主要用来存放用户临时删除的文档资料，存放在回收站的文件可以恢复。

任务实现过程

1. 创建、复制、重命名文件夹

要求：在 X 盘根目录创建如图 2-44 所示的目录结构，其中"2013 年度""2014 年度"文件夹及其子文件夹使用复制与重命名的方法创建。

（1）在桌面上双击"计算机"图标，打开图 2-64 所示的窗口（在不同的计算机上，不同的查看视图下可能会有所不同），双击"工作资料（X：）"图标，出现图 2-65 所示窗口，这时 X 盘的根是空的，表示 X 盘上还没有存放文件或文件夹，在窗口空白处右击，在弹出的菜单中选择"新建"→"文件夹"命令，如图 2-66 所示；将在 X 盘根文件夹下建立一个名为"新建文件夹"的文件夹，这时文件夹的名称还处于可编辑状态，如图 2-67 所示，在编辑框中输入"工作资料"后按【Enter】键或在窗口空白处单击，这样就在 X 盘根目录上创建了一个新的文件夹"工作资料"，如图 2-68 所示，用同样的方法创建"其他文件"文件夹；再双击"工作资料"文件夹图标，进入"工作资料"文件夹，创建"2012 年"，并进入"2012 年度"文件夹创建"工作总结""工作计划"文件夹。

图 2-64　"计算机"窗口

图 2-65　X 盘根文件夹

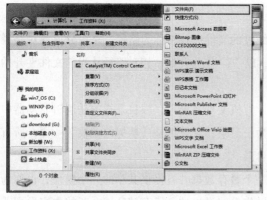

图 2-66　在 X 盘根下新建文件夹

图 2-67　创建完成的"新建文件夹"

（2）在创建好"2012 年度"文件夹及子文件夹后，进入"X:\工作资料"文件夹中，如图 2-69 所示；先单击"2012 年度"文件夹，再右击"2012 年度"文件夹，弹出图 2-69 所示的菜单，选择"复制"命令后，在窗口空白处右击，弹出图 2-70 所示的菜单，选择"粘贴"命令，出现名为"2012 年度-副本"的文件夹，如图 2-71 所示。

图 2-68　创建完成的"工作资料"文件夹　　　　图 2-69　工作资料文件夹

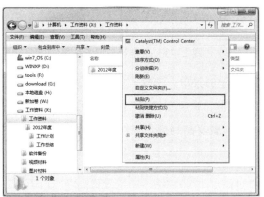

图 2-70　右键菜单　　　　　　　图 2-71　创建的文件夹副本

（3）右击"2012 年度-副本"，在弹出的菜单中选择"重命名"命令，这时"2012 年度-副本"处于可编辑状态，输入"2013 年度"，这样就建成了"2013 年度"文件夹及子文件夹，用同样的方法创建"2014 年度"文件夹。

> ○说明
>
> ① 新建文件夹的方法，除了可以采用右键快捷菜单建立外，还可以通过菜单"文件"→"新建"→"文件夹"建立新的文件夹，也可以直接单击"工具栏"上的"新建文件夹"按钮新建文件夹。
> ② 在创建"2012 年度"文件夹后，由于"2013 年度""2014 年度"文件夹以子文件夹与"2012 年度"是一样的，所以不用逐个文件夹去建立，可以采用复制"2012 年度"文件夹加重命名的方式来建立。

2. 查找、选择、复制文件

要求：在"C:\以往资料"文件夹中搜索文件名中包含"工作计划"字符的文件，并按照文件名中的年度复制到"X:\工作资料"文件夹中相应年度的"工作计划"文件夹中。

（1）在桌面上双击"计算机"图标，打开图 2-64 所示的窗口（在不同的计算机上，不同的查看视图下可能会有所不同），双击"本地磁盘（C:）"图标进入 C 盘根文件夹，双击"以往资料"进入文件夹，如图 2-72 所示，在窗口的右上角输入"工作计划"后，系统将把所有文件名中包含"工作计划"的文件搜索出来，如图 2-73 所示。

图 2-72　以往资料文件夹　　　　　　　　图 2-73　工作计划搜索结果

（2）右击"2012 工作计划.doc"，弹出图 2-74 所示的菜单，选择"复制"命令，然后打开"X:\工作资料\2012 年度\工作计划"，在窗口空白处右击，弹出图 2-75 所示的菜单，选择"粘贴"命令，如图 2-76 所示，文件"2012 工作计划.doc"就复制到这个文件夹下；对"2014 工作计划.doc"的复制可用同样的方法完成。

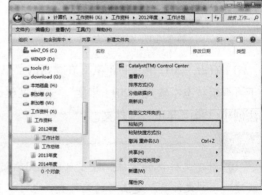

图 2-74　文件复制　　　　　　　　　　图 2-75　文件粘贴

（3）在图 2-77 中可以看到 2013 工作计划有两个，这时可以在查找结果中选择两个文件然后再复制，具体方法为：先单击"2013 工作计划（上半年）"，再按住【Ctrl】键不放，然后再单击"2013 工作计划（下半年）"，这时两个文件都处于选中状态，释放【CTRL】键，在两个文件上右击，在弹出的菜单中选择"复制"命令，如图 2-77 所示，后面的步骤与复制单个文件相同。

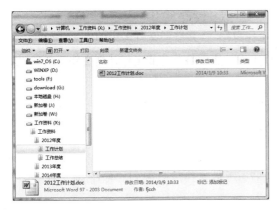

图 2-76　文件粘贴完成

图 2-77　多文件复制

①　在查找文件时，除了可以输入包含在文件名中的字符来搜索外，还可以添加搜索筛选器，对搜索结果进行筛选，如图 2-78 所示，筛选器包括"修改日期"与"大小"；文件查找的方法对文件夹同样适用。

②　在选择多个连续文件时可用鼠标与键盘上的两种键配合，如果选择的是多个连续排列的文件，先在第一个文件上单击，然后按住【Shift】不放，再单击最后一个文件，则第一个文件与最后一个文件之间的所有文件都被选中。

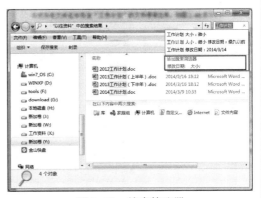

图 2-78　搜索筛选器

③　如果要选择不连续排列的多个文件，则按住【Ctrl】不放，依次单击各个要选择的文件，就可以把单击过的文件都选中；也可以先用鼠标配合【Shift】选中多个连续排列的文件，再配合【Ctrl】选择不连续排列的文件。

④　如果要选择当前文件夹下的所有文件，可以按【Ctrl+A】组合键，或通过菜单中的"编辑"→"全选"命令选择。

⑤　有时想要选择少数文件以外的所有文件，可以先将不想选择的文件用上面的方法选中，然后选择"编辑"→"反向选择"命令。

⑥　以上文件选择的方法对文件夹同样适用。

⑦　复制文件有多种方式，除使用右键快捷菜单外，还可以使用窗口菜单中的"编辑"→"复制"命令，然后到目标文件夹下使用"编辑"→"粘贴"命令；也可以使用快捷键方式，选中要复制的文件后，按住【Ctrl】键不放，再按【C】键后放开，然后到目标文件夹下按住【Ctrl】不放，再按【V】键；也可以把源窗口与目标窗口同时打开，都处在桌面上可见的状态，选中要复制的文件后按住【CTRL】不放，用鼠标拖动选中的文件到目标文件夹窗口，然后先放开鼠标后放开【CTRL】；文件复制的方法对文件夹同样适用。

3．移动文件或文件夹

要求：将"C:\以往资料"文件夹中相应的"工作总结"，并按照文件名中的年度移动到"X:\工作资料"文件夹中相应年度的"工作总结"文件夹中，然后将所有非工作计划文件复制到"X:\其他文件"文件夹中。

（1）打开"C:\以往资料"文件夹，选择文件名中含"工作总结"字符的文件，右键单击，在弹出菜单中选择"剪切"，再根据文件名上的年度找到"X:\工作资料"相应年度中的工作总结文件夹，在窗口空白处右键单击，选择"粘贴"，就完成了。

（2）选择工作计划以外的所有文件，如图 2-79 所示，然后复制到"X:\其他文件"文件夹下。

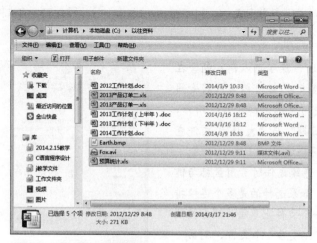

图 2-79　选择除工作计划外的所有文件

> **说明**
>
> ① 移动与复制的区别在于，复制是将选中的文件复制一份到目标文件夹，原文件夹的文件保留，而移动是将选中复制一份到目标文件夹，而原文件夹中的文件被删除。
>
> ② 移动文件的其他方式与复制相似，但移动对源文件采用的是"剪切"而不是"复制"，剪切的快捷键是【Ctrl + X】，在使用拖动方式移动时按住的键是【Shift】。
>
> ③ 文件移动的方法对文件夹同样适用。

4．删除文件与文件夹

要求：将"C:\以往资料"中的文件删除，并将文件夹一同删除。

（1）进入"C:\以往资料"文件夹中，按【Ctrl+A】组合键，然后在选中的文件上右击，在弹出的菜单上选择"删除"命令，弹出图 2-80 所示的对话框，单击"是"按钮，所有选中的文件都会被删除到回收站。

（2）进入"C:\"，单击"以往资料"，然后按【Delete】键，弹出图 2-81 所示的对话框，单击"是"按钮，"以往资料"文件夹就会被删除到回收站。

图 2-80　多文件删除确认　　　　　　图 2-81　文件夹删除确认

> **◎说明**
>
> ① 通常文件或文件夹删除都会被先存放在一个叫回收站的地方，这样做的原因是方便找回被删除的文件或文件夹，这时文件或文件夹所占用的硬盘空间并没有释放，如果要彻底删除文件回收硬盘空间，就要到回收站中把文件删除或清空回收站。
>
> ② 删除文件也可以通过菜单上的"文件"→"删除"命令。
>
> ③ 也可以不经过回收站直接把文件彻底删除，按【Shift+Delete】组合键删除文件或文件夹即可。

5. 创建文件并输入内容

要求：在"X:\工作资料\2014 年度\工作总结"文件夹中创建一个"2014 总结"的文本文件，并打开文件输入"2014 工作总结文件"。

（1）进入"X:\工作资料\2014 年度\工作总结"文件夹，右击窗口空白处，如图 2-82 所示在弹出的菜单中选择"新建"→"文本文档"命令，新出现文件的文件名处于可编辑状态，输入"2014 总结"并按【Enter】键，即建立了一个名为"2014 总结"的文本文档。

（2）双击"2014 总结"文件图标，如图 2-83 所示，系统会使用记事本程序打开文件，在编辑窗口中输入"2014 工作总结文件"，选择"文件"→"保存"命令，然后再单击窗口中的"关闭"按钮，将窗口关闭。

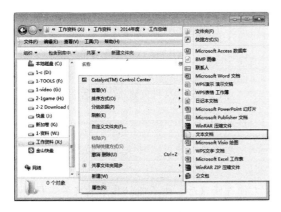

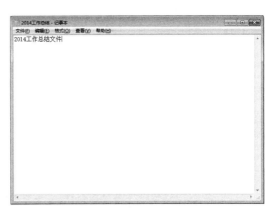

图 2-82　新建文本文档　　　　　　　图 2-83　记事本窗口

◎说明

① 除了可以采用以上介绍的使用右键快捷菜单建立文件夹外，还可以通过菜单"文件"→"新建"命令建立文件。

② 与新建文件夹不同的是，文件夹的类型较少，而文件有许多种类型，如图 2-82 所示，有"Microsoft Access 数据库""BMP 图像"等，操作系统一般使用扩展名来区别不同的文件类型，并根据不同的扩展名来调用相应的应用程序打开文件，不同扩展名的文件显示的图标也不相同；用户可根据需要创建不同类型的文件。

6. 文件属性设置与文件夹选项设置

要求：查看"X:\工作资料\2014 年度\工作总结\2014 工作总结"文本文件的属性，并将其设置为"只读""隐藏"，设置文件夹选项中"隐藏文件和文件夹"选项值为"显示隐藏的文件、文件夹和驱动器"。

（1）进入"X:\工作资料\2014 年度\工作总结"文件夹，在"2014 工作总结"图标上右击，在弹出的菜单中选择"属性"命令，弹出图 2-84 所示的对话框，选择"只读""隐藏"复选框，单击"确定"按钮，此时"2004 工作总结"文件会不可见。

（2）选择"组织"下拉列表中的"文件夹选项"命令，弹出图 2-85 所示的对话框，选择"查看"选项卡，选择"显示隐藏的文件、文件夹和驱动器"，单击"确定"按钮，刚才不见的文件"2004 工作总结"又显示出来，但图标是灰色的。

图 2-84　文件属性对话框

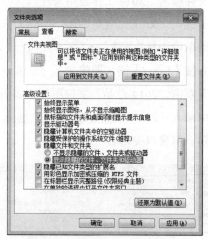

图 2-85　"文件夹选项"对话框

◎说明

① 将文件的属性设置为"隐藏"且选择"不显示隐藏的文件、文件夹或驱动器"，则文件不可见，对文件有一定的保护作用。

② 将文件的属性设置成"只读"，这时如打开文件并修改后，就不能以原来的文件名保存，必需另存为其他文件名，这对文件也有一定的保护作用。

③ 对于文件还可以设置它的高级属性，如"压缩或加密属性"，在图 2-84 中单击"高级"按钮，弹出图 2-86 所示的对话框，可以设置文件的一些高级属性。

④　对文件夹选项还有许多其他属性可以设置，如"隐藏已知文件类型的扩展名"，当该项为选中状态时，已知文件类型的扩展名是不会显示的，如上述文本文件"2014 工作总结"的扩展名为"txt"，是不会显示的；有时需要修改文件的扩展名时就应该将其显示出来，这时就应该将"隐藏已知文件类型的扩展名"选项设置为非选中状态，文件的扩展名就显示出来了，如图 2-87 所示。

图 2-86　"高级属性"对话框　　　　　　图 2-87　显示扩展名的文件

任务三　Windows 7 中库的管理方式

 任务涉及的主要知识点

库是用于管理文档、音乐、图片和其他文件的位置。可以使用与在文件夹中浏览文件相同的方式浏览文件，也可以查看按属性（如日期、类型和作者）排列的文件。

在某些方面，库类似于文件夹。例如，打开库时将看到一个或多个文件，但与文件夹不同的是，库可以收集存储在多个位置中的文件。这是一个细微但重要的差异，库实际上不存储项目，它监视包含项目的文件夹，并允许用户以不同的方式访问和排列这些项目。例如，如果在硬盘和外部驱动器上的文件夹中有音乐文件，则可以使用音乐库同时访问所有音乐文件。

任务实现过程

1．将文件夹加入库

要求：将 2012 至 2014 年度文件夹中的工作计划文件夹加入到"工作计划"新建库中。

（1）在桌面上双击"计算机"图标，在左边的导航栏窗格中单击"工作资料（X：）"左边的小三角，会展开 X 盘下的文件夹，找到"工作资料"→"2012 年度"→"工作计划"，再右击"工作计划"，在弹出的菜单中选择"包含到库中"→"创建新库"命令，如图 2-88 所示，这样就将"2012 年度"下的"工作计划"文件夹包含到一个名为"工作计划"的库中了。

（2）在"计算机"→"工作资料（X：）"→"工作资料"→"2013 年度"中找到"工作计划"文件夹并右击，在弹出的菜单中选择"包含到库中"→"工作计划"命令，如图 2-89 所示，这样就将"2013 年度"文件夹下的"工作计划"文件夹包含到"工作计划"库中，用同样的方法将"2014 年度"文件夹下的"工作计划"文件夹也包含到"工作计划"库中，完成后效果如图 2-90 所示，可以看到，这时所有的工作计划都显示在一起就像在同一个文件夹中一样。

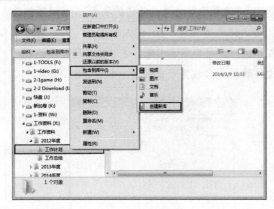 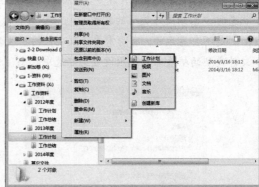

图 2-88　创建新库　　　　　　　　　图 2-89　将文件夹包含到库中

⊙说明

① 也可以在图 2-90 所示左边窗格中的"库"上右击，在弹出的菜单中选择"新建"→"库"命令，后输入库名，再像上述步骤一样把文件夹加到库中。

② 也可以单击图 2-90 所示右窗格文件列表上方"包括"右边的位置，在出现的窗口中添加删除库中的文件夹。

③ 也可以在左边窗格中右击相关的文件夹，通过弹出的菜单中将库中的文件夹删除（见图 2-91）。

④ 将文件夹从库中删除对原始文件夹没有影响，原文件夹不会因此而被删除。

 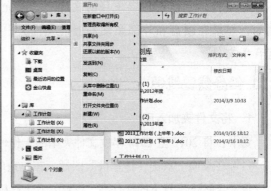

图 2-90　包含 3 个文件夹的"工作计划"库　　　图 2-91　将文件夹从库内删除

2. 修改库中项目的排列方式

要求：将"工作计划"库的排列方式修改为"文件夹"。

如图 2-92 所示，在窗口右边的文件列表上方"排列方式"右边单击，在弹出的列表框中选择"文件夹"选项。

3. 重命名库

要求：将库"工作计划"重命名为"所有工作计划"。

如图 2-93 所示，在左边窗格"工作计划"上右击，在弹出的菜单上选择"重命名"命令，左边窗格中的"工作计划"就变成可编辑状态，输入"所有工作计划"后在窗口空白处单击即完成。

图 2-92　修改库内项目的排列方式　　　　图 2-93　重命名库

⊙说明

① 也可单击库名后按【F2】键，库名也会变成可编辑状态，从而进行库的重命名。

② 库名处于编辑状态时如果想要放弃库名的修改可以按【Esc】。

③ 如在图 2-93 中选择"删除"命令，可以将库删除到回收站。

项目三　应用程序安装与打印机安装

 **项目描述**

小张在工作过程中要使用办公自动化软件，编写好的文件有时需要打印输出；办公自动化软件不是操作系统自带的，需要另外安装；文件打印输出需要安装打印机及相关驱动程序。

解决方案

文件打印输出需要安装打印机及相关驱动程序，打印机的种类很多，在安装打印机时根据与计算机之间的接口不同可分为串口打印机、并行口打印机、USB 接口打印机、无线打印机、网络打印机等多种，其中 USB 接口打印机使用最多。

本项目以安装办公软件 WPS Office 和打印机 HP LaserJet M1005 为例进行说明。

项目分解

在实施过程中，将项目分解为以下两个任务，逐一解决：

● 安装 WPS Office。

● 安装打印机及驱动程序。

任务一　安装 WPS Office

本任务所涉及主要知识点及具体实现过程详见模块一"项目二　操作系统及常用软件的安装"中"任务二　应用软件的安装",在此不再重述。

任务二　安装打印机及驱动程序

任务涉及的主要知识点

(1)打印机接口:指的是打印机与计算机之间的接口,通常有 SCSI、EPP、USB 等多种,现在使用最多的是 USB 接口。

(2)打印机驱动程序:是指计算机输出设备打印机的硬件驱动程序。它是操作系统与硬件之间的纽带。

任务实现过程

1. 连接打印机到计算机

要求:连接 HP LaserJet M1005 电源线,再使用数据线将其数据接口与计算机的 USB 口相连接。

HP LaserJet M1005 如图 2-94 所示,电源线接口与数据线接口都在打印机背面,先将打印机的电源开关拨到关闭位置,连接打印机的电源线,再将打印机的数据线一头插到打印机的数据接口上,另一头插到计算机的 USB 接口上,就完成了打印机与计算机的连接。

> ◎说明
>
> 　　打印机的种类按打印原理分类,可分成针式打印机、喷墨打印机、激光打印机等;按照与计算机的接口分类,可分成串口打印机、并口打印机、USB、网络打印机等,现在最常见是 USB 接口的打印机;HP LaserJet M1005 是将激光打印、扫描仪、复印机集成在一起的一种机型,它与计算机连接的接口为 USB。

(2)在安装驱动程序之前不要将打印机电源打开,这是因为如果在驱动安装之前就将打印机连接到计算机,而在 Windows 7 操作系统中又找不到相关的驱动程序时,就会将该设备标记成驱动损坏或驱动未安装的设备,这时在设备管理器中就会显示图 2-95 所示的状态。

图 2-94　HP LaserJet M1005 一体机

图 2-95　打印机被标识成无法识别的设备

2. 安装打印机驱动程序到计算机中

要求:在计算机上安装 HP LaserJet M1005 的驱动程序,并打印测试页。

（1）启动计算机到 Windows 7 桌面，从网络上下载或从安装光盘中找到安装程序 ljM1005-HB-pnp-win32-sc.exe，双击安装程序，弹出图 2-96 所示的"许可协议"对话框，选中"我接受许可协议的条款"，单击"下一步"按钮，出现图 2-97 所示的安装进度条，文件复制完成后，弹出图 2-98 所示的"软件安装完成"对话框，单击"完成"按钮，打印机驱动程序便复制到计算机上。

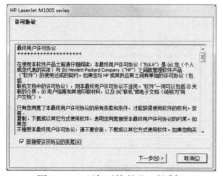

图 2-96　"许可协议"对话框

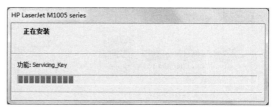

图 2-97　正在安装进度条

（2）打开 HP LaserJet M1005 的电源，这时计算机会出现图 2-99 所示的通知消息，提示找到新硬件并试图为新硬件安装驱动程序，单击任务栏通知区域图标，弹出图 2-100 所示的对话框，单击"跳过从 Windows Update 获得驱动程序软件"超链接，弹出图 2-101 所示的对话框，单击"是"按钮让计算机从本地查找驱动程，计算机安装好驱动程序后弹出图 2-102 所示的对话框，打印机驱动程序安装成功。

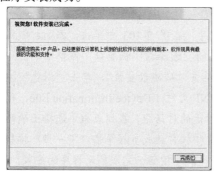

图 2-98　"软件安装完成"对话框

图 2-99　发现新设备通知

图 2-100　试图从 Windows Updata 查找驱动程序

图 2-101　跳过从 Windows Updata 获得驱动程序确认

（3）选择"开始"→"设备和打印机"命令，打开图 2-103 所示的"设备和打印机"窗口，可以看到刚才安装成功的 HP LaserJet M1005 打印机，图标上的对钩表示它是默认的打印机，在该打印机图标上右击，在弹出的菜单中选择"打印机属性"命令，弹出图 2-104 所示的对话框，单击"打印测试页"按钮，如果打印机安装正常就能打印出测试页。

图 2-102　驱动安装完成对话框

图 2-103　"设备和打印机"窗口

图 2-104　打印机属性对话框

说明

① 不同厂商不同版本的安装程序所显示的用户界面可能不相同，有时驱动安装程序会在安装过程中要求用户连接打印机，弹出图 2-105 所示的窗口，这里用户只要按要求将设备数据线连接好再打开设备电源按提示安装即可。

② 用户也可以使用打印机安装向导来安装驱动程序，在图 2-103 中单击"添加打印机"按钮，在出现的窗口中单击"添加本地打印机"，在出现的"选择打印机端口"窗口中单击"下一步"按钮，在出现的"安装打印机驱动程序"窗口中单击"从磁盘安装"，单击"浏览"按钮找到打印机驱动目录，系统会自动查找所选择目录下的 INF 文件（Device Information File，硬件设备安装脚本文件），单击"打开"按钮，出现图 2-106 所示的对话框，在列表框中选择正确的打印机型号，单击"下一步"按钮，在出现的窗口中输入打印机名称或直接单击"下一步"按钮，出现"打印机共享"窗口，选择"不共享"，最后单击"完成"按钮，完成驱动程序的安装。

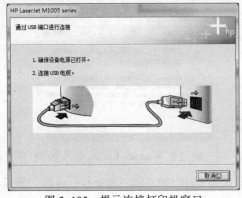

图 2-105　提示连接打印机窗口

图 2-106　"添加打印机"对话框

课 后 练 习

1. 使用记事本程序新建一个文本文件，输入"在 Win7 中使用记事本程序"，然后以"记事本.txt"为文件名保存在桌面上。

2. 通过设置在桌面上显示"计算机""网络""回收站"图标。

3. 在桌面上创建 Windows 7 自带的"画图"程序的快捷方式，并重命名为"我的画图"。

4. 设置桌面图标的查看方式为"中等图标""自动排列图标""将图标与网络对齐"和"显示桌面图标"。

5. 在桌面背景设置中选择 3 幅图片，将图片位置设置为"居中"，更改图片时间间隔设置为"1 分钟"，选择"无序播放"。

6. 将 Windows 7 系统的屏幕保护程序设置为"彩带"，等待时间为 10 min，选中"在恢复时显示登录屏幕"。

7. 将 Windows 7 的任务栏设置为"锁定任务栏"，位置在"底部"，任务栏按钮为"从不合并""始终在任务上显示所有图标与通知"。

8. 将计算机程序锁定在任务栏上。

9. 将 Windows 7 自带的"记事本"程序附到"开始"菜单上，电源按钮操作为"休眠"，最近打开过的程序数目设置为 8 个。

10. 在桌面上添加"时钟"桌面小工具。

11. 建立一个"动态扩展"虚拟硬盘，将虚拟硬盘的大小设置为 15 GB，初始化虚拟硬盘，在虚拟硬盘上建立一个 10 GB 的分区，格式化该分区，并为其指定一个驱动器号。

12. 请根据要求完成以下文件或文件夹的操作。

（1）在 D 盘上建立图 2-107 所示的目录结构。

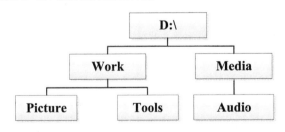

图 2-107　目录结构

（2）使用【Print Screen/Sys Rq】键将屏幕图像复制到系统剪贴板中，并用"画图"程序将其保存在文件夹"Picture"中，文件名为"Desktop.bmp"。

（3）将"Work"文件夹中的"Picture"文件夹复制到"Media"文件夹中。

（4）将"Media\Picture"文件夹中的 Desktop.bmp 重命名为"photo.bmp"，并设置属性为只读。

（5）在"Tools"文件夹中建立"画图"程序的快捷方式。

（6）在 C 盘中查找"calc.exe"文件，并将其复制到"Tools"目录中。

（7）将"Work"文件夹加入到"Work"新建库中。

（8）将"Media\Picture"与"Work\Picture"加入到 Windows 7 默认库"图片"中。

13．有时需要传送文件给其他人，能够进行文件传送的方式很多，可能通过 E-mail（电子邮件）、FTP（文件传输协议）、使用即时通信软件，或者直接在 Windows 中建立磁盘映射等，但现在使用的较多的是通过即时通信软件 QQ（腾讯公司出品的即时通软件）的文件传送功能来传送，几乎每个上网的人都拥有一个 Q 号；请下载安装 QQ 程序，并实现一次文件传送。

模块三 ‖ WPS 文字处理

WPS（Word Processing System，文字编辑系统）是金山软件公司的一种办公软件，最初出现于 1988 年。在微软 Windows 系统出现以前，DOS 系统盛行的年代，WPS 曾是中国最流行的文字处理软件，一直讲求差异发展的 WPS，从 2005 版本开始彻底调整了技术路线，把兼容作为最大的突破重点。这种"兼容精神"已经大大超越以往的软件界面、文件格式的相同或相通，真正渗透进了软件底层技术，在加密、宏等类"技术型"文件的互通性上得到突破。现在 WPS 最新版为 WPS Office 2013，发布日期为 2013 年 5 月。WPS 2013 的产品界面和 Logo 都采用了当前最流行的 Windows 8 扁平化设计风格，同时对 1 000 多个功能图标进行了重绘，使整体设计风格相匹配。

WPS Office 包含 WPS 文字、WPS 表格、WPS 演示三大功能模块，与 MS Office 无障碍兼容，三大功能模块分别对应于 Microsoft Word、Excel 和 PowerPoint。WPS 文字是最适合中文创作的先进文字工具，拥有强大的图文排版、丰富的在线资源库。WPS 文字处理模块是一个文字输入和文档编辑处理器，其中所包含的众多工具能帮助用户轻松实现文档格式化，可以方便地实现图、文、表的混排，能够直接存取 Word 文档，所生成的文档也可以直接在 Word 中打开并进行编辑。WPS 文字主要功能包括：应用模板创建文件或者根据自身的需要创建模板；支持多语种；编辑文档时可以进行文字编辑、修饰，段落、目录、书签等设置或插入文本框、图形、表格等对象；图文混排、文件修订、样式应用和文件处理等。

目标要求

- 掌握字体、段落及文档格式的设置。
- 掌握图文混排、表格处理能力。
- 掌握自选图形的绘制、编辑能力。
- 掌握样式、目录、节、页眉页脚等功能进行长文档排版。
- 掌握邮件合并功能。

项目设置

- 求职自荐书的制作。
- 学院周报的编辑与排版。
- 班级成绩表的制作。
- 毕业论文的综合排版。
- 成绩单制作。

项目一　求职自荐书的制作

项目描述

　　小张是一名大四学生，将要参加学校组织的毕业生招聘会，现在急需一份精心制作的自荐书。自荐书是求职者必备的文档，是将自己推销出去的敲门砖，在设计过程中不仅要体现自己的知识、能力，更要在设计上突出自己的个性，尽量做到与众不同。

解决方案

　　求职自荐书要求内容言简意赅，具有针对性和个性化，版面整洁大方，不宜太多空白或太拥挤。小张制作出的求职自荐书效果如图 3-1 所示。

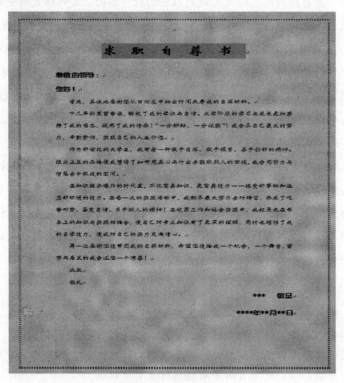

图 3-1　求职自荐书

项目分解

　　在制作过程中，将项目分解为以下五个任务，逐一解决：
- 创建、保存、加密 WPS 文档。
- 设置字符格式。
- 设置段落格式。
- 修饰美化版面。

● 页面设置及打印。

任务一　创建、保存、加密 WPS 文档

 **任务涉及的主要知识点**

1. WPS 文字初始界面和工作界面

WPS 文字初始界面和工作界面如图 3-2 和图 3-3 所示。

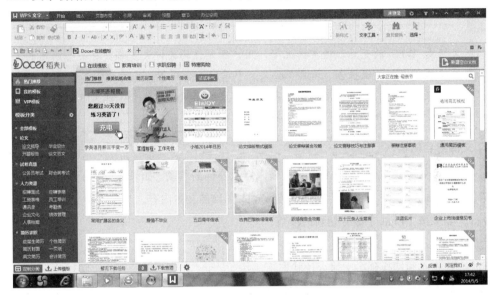

图 3-2　WPS 文字初始界面

图 3-3　WPS 文字工作界面

2. 文档的创建

（1）如果当前工作页面是 WPS 首页，则可单击"新建"按钮 □。

（2）如果当前工作页面是在 WPS 的"在线模板"首页，则可单击右边的"新建空白文档"按钮。

（3）单击"WPS 文字"→"新建"→"新建"按钮。

（4）按快捷键【Ctrl+N】。

选择以上任一方法，均可创建一个空白文档。

○说明

　　模板文件是 WPS 的亮点，通常情况下，用户所制作的文件大多都具有某些约定的文字、某些固定的格式，诸如请假报告、请柬、公文、申请书、合同等。为了减少工作量，WPS 文字为用户提供了许多典型的模板，当用户选定自己所要的模板来建立一个新文件时，只需简单地输入和修改少量文字，即可得到符合自己要求的文件。

3. 文档内容的输入

在文档光标处输入文字，输入过程中，输入点从左向右移动。如果误输入了一个错字或字符，可以按【Backspace】键（退格键）删除，然后输入正确的文本内容。当输入的文字到行尾时，会自动换行，如果按【Enter】键开始新的段落。

计算机能输入中文也能输入英文，当要准备输入汉字时，首先必须切换到中文输入法状态下。按【Ctrl+Space】组合键可在中、英文输入法之间切换。中文输入法可根据自己的喜好进行选择，可以将鼠标指针移至任务栏上的输入法图标上并单击，通过弹出的输入法选择框选择合适的输入法。在输入过程中，一般标点符号可直接从键盘输入；特殊符号可单击"插入"→"符号"→"其他符号"按钮，弹出图 3-4 所示的"符号"对话框，在"符号"对话框中有一系列符号可供选取。

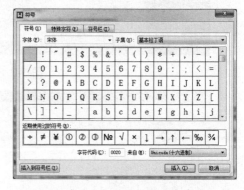

图 3-4 "符号"对话框

○说明

　　文档输入有两种模式："改写"和"插入"。"改写"模式下输入的内容会替换光标后面的内容，"插入"模式下输入的内容会插入到光标后面，不会替换已经存在的内容。在页面状态栏的空白处右击会弹出一个快捷菜单，选择"改写"命令，在状态栏上会自动添加"改写"按钮，再次单击此按钮后键盘输入方式切换为"改写"状态，此时如果要切换两种模式即可通过【Insert】键进行。正常情况下键盘默认输入方式为"插入"。

4. 查找与替换

查找与替换是文字处理软件中最常用的功能之一，灵活运用此功能，可以提高工作效率。所谓查找，是指在一篇文章中查找一个词或一句话出现的地方。而替换是指将某一字串替换成另一字串。"查找和替换"对话框如图3-5所示。

图3-5　"查找和替换"对话框

5. 文档的保存

WPS文字提供了多种保存文档的方法，可以使用"另存为""保存"和"定时备份"等。同时，WPS文字提供了多种文档格式，可以保存为wps、docx、Web页、rtf或纯文本格式。

1）"另存为"命令保存文档

对于第一次创建的新文档，通常都是未命名的文档，一般单击"WPS文字"→"另存为"按钮或按【F12】键，弹出"另存为"对话框。在该对话框中，先选择文档的保存位置和保存文档的类型，在"文件名"文本框中为文件命名，最后单击"保存"按钮保存。

2）"保存"命令保存文档

如果要保存的文档已命名，可以单击"WPS文字"→"保存"命令或单击快速访问工具栏上的 按钮保存文档。

3）定时备份文档

WPS文字专门提供了文档的定时备份功能，每隔一段固定时间自动存储当前编辑的文件。正常退出或存盘时，系统会自动删除自动存盘文件。如果遇到断电、死机或其他异常退出，再次启动WPS文字时，系统将自动打开上次自动保存的文件。定时备份的时间间隔可以根据需要自行设定，方法是：单击"WPS文字"→"选项"按钮，弹出"W选项"对话框，选择"常规与保存"选项卡，可以根据自己的实际情况来启用定时备份，并调整定时备份的时间间隔，如图3-6所示。默认的间隔是10分钟，通常可以保持默认值。

图3-6　设置定时备份

6. 文件设置密码与授权修改

WPS文字具有文件加密功能，可以根据自己的需要为文件设置密码，这个密码将在下次打开该文件时要求输入。也可以取消所设置的密码。

单击"WPS 文字"→"选项"按钮，弹出"W 选项"对话框，选择"安全性"选项卡，如图 3-7 所示，并在"打开文件密码"文本框中输入密码，在"再次键入密码"文本框中再次输入密码，最后单击"确定"按钮。

设置了密码后，再打开该文件时将会弹出"密码"对话框，只有输入正确的密码才能打开该文件。

●注意

如果要取消文件密码，可按设置密码步骤进入"安全性"选项卡，删除密码框中的密码，单击"确定"按钮即可。

任务实现过程

1. WPS 文档的创建和保存

要求：新建 WPS 文档，以"求职自荐书.WPS"为文件名保存在 D 盘个人文件夹下（要求自定义文件夹，文件夹可命名为"学号+姓名"，如"20134141001 张小明"）。

（1）启动 WPS 文字。

（2）单击快速访问工具栏上的"保存"按钮 ，或单击"WPS 文字"→"保存"按钮，弹出"另存为"对话框，如图 3-8 所示。

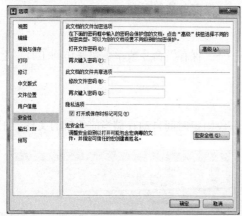

图 3-7　文件加密　　　　　　　　　　图 3-8　"另存为"对话框

（3）选择存储路径，输入文件名，单击"保存"按钮即可。

●说明

① 为文档命名时，尽量做到"见名知意"，方便日后管理和维护。

② 在编辑文档时，应养成经常保存文档的习惯，避免因为死机或突然断电造成数据丢失的情况发生。

2. "求职自荐书"内容的输入

要求：输入图 3-9 所示的求职自荐书文本内容。

求职自荐书。

尊敬的领导：

你好！

首先，真诚地感谢你从百忙之中抽出时间来看我的自荐材料。

十几年的寒窗苦读，铸就了我的学识与自信。大学阶段的学习与成长更加磨练了我的意志，提高了我的修养！"一分耕耘、一分收获"！我会尽自己最大的努力，辛勤劳作，实现自己的人生价值。

作为新世纪的大学生，我有着一种敢于自荐、敢于探索、善于创新的精神。诚实正直的品格使我懂得了如何用真心与付出去获取别人的回报，我会用努力与智慧去争取我的空间。

在知识经济爆炸的时代里，不仅需要知识，更需要能力——接受新事物和适应新环境的能力。在每一次的实践活动中，我都尽最大努力去对待它，养成了吃苦耐劳、坚定自信、乐于助人的精神！在校园工作和社会实践中，我把原先在书本上的知识与实践相结合，使自己对专业知识有了更深的理解，同时也增强了我的自学能力，使我对自己的实力充满信心。

再一次感谢你能审阅我的自荐材料，希望你能给我一个机会，一个舞台，蓄势而后发的我会还你一个惊喜！

此致

敬礼。

***　敬呈。

****年**月**日。

图 3-9　"求职自荐书"样文

3．查找与替换

要求：查找"求职自荐书"中的"你"，并将其替换成"您"。

由于自荐书是求职需要，所以一定要注意措辞和言语。经过通读，发现文档中的"你"是普通称谓，一般用于平辈或长辈对于晚辈，上级对于下级的情况；"您"是尊敬称谓，适用于晚辈对于长辈，或者下级对于上级的情况。文档中多处的"你"用得比较随意，需将其更改为"您"。

1）查找文本

单击"开始"→"查找替换"按钮，弹出"查找和替换"对话框，如图 3-10 所示。

在"查找内容"文本框中输入要查找的内容，如图 3-10 所示，输入"你"，单击"查找下一处"按钮，将所找到的第一个字符串标记成文字串，并呈深色显示。

在查找过程中，如果找不到待查找的内容，系统会提示用户，如图 3-11 所示。

图 3-10　"查找和替换"对话框　　　　　图 3-11　系统提示框

2）替换文本

单击"开始"→"查找替换"按钮，弹出"查找和替换"对话框，选择"替换"选项卡，并在"查找内容"文本框中输入要查找的内容，在"替换为"文本框中输入要替换的内容，如图 3-12 所示。

单击"查找下一处"按钮，当计算机找到一个要替换的内容时，系统将该内容标记成文本块

（呈深色显示）。单击"替换"按钮将它替换成新的内容；若继续选择"查找下一处"，则计算机不做任何修改继续向后寻找；如果单击"全部替换"按钮，则计算机将会把所有找到的内容全部替换，并弹出如图 3-13 所示的提示框告知用户。

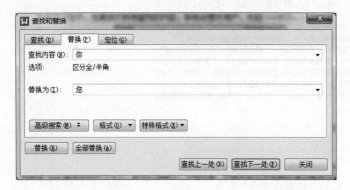

图 3-12 "替换"选项卡

图 3-13 系统提示框

◎注意

① 如果在"替换为"文本框中没有输入任何字符串，即以一个空内容替换被查找的内容，则替换结果是被查找的内容被删除。

② 如果查找与替换的内容是带有文本格式的，可通过单击"查找和替换"对话框中的"格式"按钮根据提示完成相应设置。

4. 调整文档显示比例并浏览文档

在 WPS 文档中，有可能因为文档内容过多，而无法在一个文档窗口中全部显示出来。显示比例是文档页面在 WPS 窗体中的尺寸大小，显示比例越大，文档页面、页面中的文字和图片等对象显示出来的尺寸就越大，反之亦然。用户在进行文档编辑时，应该选择合理的显示比例，比例太小文字就会看不清楚，比例太大，页面显示的内容相对就少，编辑使用会很不方便。WPS 文字中提供了多种工具来浏览文档，可以通过更改文档的显示比例、拖动滚动条等方法来浏览并查看文档内容。文档显示比例可单击"视图"→"显示比例"按钮，在弹出的对话框中进行相应的百分比设置，如图 3-14 所示。

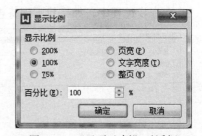

图 3-14 "显示比例"对话框

任务二 设置字符格式

任务涉及的主要知识点

1. 字体、字号和字形等

"字体"指的是字的形体，简体字一般有楷体、宋体、黑体、方正字体、隶书等，以及相应的繁体字等。

"字号"指的是字的大小，用一个字的长度和宽度来描述。

"字形"是指字的形状，一般提供了常规形、倾斜形、加粗形和倾斜加粗形。

"字符间距"是指相邻两个字符间的距离，字符间距的单位有磅、英寸、厘米和毫米。

WPS文字使用的汉字基本字体是宋体、仿宋体、楷体、黑体4种简体字体，扩充字体有隶书、行楷、魏碑等。系统默认汉字字体为宋体，默认的西文字体为Times New Roman，默认的字形是常规形，字号是五号。

2．文本的选取

根据要选择的文本的范围不同，执行的操作也不相同，具体如下：

（1）选择一行：将鼠标指针放在正文左侧的选择区中，当指针变为右指向箭头时单击即可，如图3-15所示。

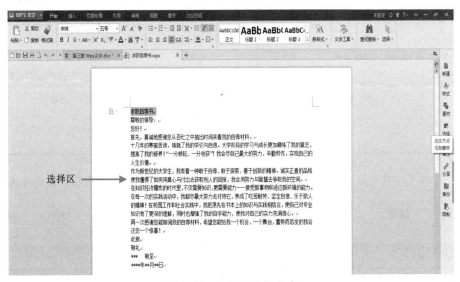

图3-15　选择区选择文本

（2）选择多行：将鼠标指针移动到要选中的文本的左侧时按下鼠标左键并拖动鼠标，直到要选定的最后一行的右侧释放鼠标，即可完成对多行的选择。

（3）选择一段：将鼠标指针放在对应段落左侧的选择区中双击。

（4）选择文档的全部内容：可以按快捷键【Ctrl+A】或选择区中连续单击三下，另外，当插入点在文件开头或末尾时，按【Shift+Ctrl+End】或【Shift+Ctrl+Home】组合键也可以选定所有内容。

如果要取消选定文本，可以按【Esc】键或用鼠标单击文档中的任意位置。

任务实现过程

1．设置标题文字格式

要求：文中的标题"求职自荐书"设置为"华文新魏、一号、加粗、字符间距为加宽12磅"。

（1）首先选中要设置的标题文本内容"求职自荐书"。

（2）单击"开始"→"字体"按钮，或单击"WPS文字"→"字体"按钮，弹出"字体"对话框，按要求进行设置，如图3-16（a）所示。

（3）选择"字符间距"选项卡，按要求进行字符间距的设置，如图 3-16（b）所示。

（a）"字体"选项卡

（b）"字符间距"选项卡

图 3-16　"字体"对话框

○说明

对字符格式设置包括字形、字号、颜色及字符间距、升降等，下面是几种常用格式实例：

倾斜　　**加粗**　　<u>下画线</u>　　删除线　　波浪线　　着重号　　^上标　　_下标

字符间距加宽　　字符间距紧缩　　字符^{提升}　　字符_{降低}　　字符 缩90%放 **150%**

2. 设置标题文字格式

要求：文中"尊敬的领导："您好！""*** 敬呈"和"****年**月**日"，设置为"幼圆、四号、加粗"。

（1）选中"尊敬的领导"，按照上述任务进行相似设置即可。

（2）选中设置好的"尊敬的领导"，单击"开始"→"格式刷"按钮 。

（3）利用格式刷对其他几组字体设置同样的格式。

○说明

① 单击"格式刷"按钮后，能使格式刷所到之处的文本内容转换为光标所在处的文本格式。

② 如果要在不连续的多处复制格式，可双击"格式刷"按钮，当完成所有的格式复制操作后，按【Esc】键或再次单击"格式刷"按钮，即可关闭格式复制功能。

③ 格式刷无法复制艺术字文本上的字体和字号。

3. 设置正文字符格式

要求：文中的"首先……敬礼"等正文内容，设置为"楷体、小四"。

具体实现过程和任务涉及的知识点操作类似，不再赘述。

⊙ 说明

　　如果要设置首字下沉，可以选定文本后，单击"插入""首字下沉"按钮，在弹出的对话框中可设置为"下沉"或"悬挂"两种效果，如图 3-17 所示。

图 3-17　"首字下沉"对话框

任务三　设置段落格式

　任务涉及的主要知识点

　　段落格式的设置有左缩进、右缩进、首行缩进、悬挂缩进，以及项目符号和编号的设置。

任务实现过程

　　为了让文字与其他内容适当充满整个版面，必须进行版面调整。

　　要求：文中标题"求职自荐书"的段落设置为"居中对齐、段后间距 1 行"；正文段落（从"首先"到"敬礼"）设置为"两端对齐、首行缩进 2 个字符、1.75 倍行距"；文中最后两段设置为"右对齐"；倒数第二段的段前间距设置为 0.5 行。

　　（1）选中"求职自荐书"段落。

　　（2）单击"开始"→"段落"按钮，或右击，在弹出的快捷菜单中选择"段落"命令，弹出"段落"对话框，按要求进行设置，如图 3-18（a）所示。

　　（3）选中正文段落（从"首先"到"敬礼"），设置要求如图 3-18（b）所示。

（a）"缩进和间距"选项卡　　　　　　　　（b）对正文段落进行设置

图 3-18　"段落"对话框

　　（4）最后两段设置与上述步骤相似，不再赘述。

◎说明

① WPS 中的段落标记符为硬回车 ↵（按【Enter】键即可插入），若用户在排版过程中按【Shift+Enter】组合键，此时尾行将显示软回车标记符 ↓。

② 设置行距的单位有相对和绝对两种，相对一般用"X 倍行距"进行设置，其高度与字符的大小有关；绝对一般用"磅"进行设置，行的高度固定，如果字体高度超过行高，则内容会被隐藏。

◎注意

① 在进行段落排版过程中，尽量不要使用空格或回车符设置对齐或分页的效果，这样做会影响排版的效果。

② 段落缩进方式：分为左缩进、右缩进、首行缩进、悬挂缩进。左缩进值为段落左边缘与当前段落所在栏的左边缘之间的距离；右缩进值为段落右边缘与当前段落所在栏的右边缘之间的距离；首行缩进值表示段落第一行相对于所在段落的左边缘的缩进值；悬挂缩进值表示除段落第一行以外的行相对于所在段落的左边缘的缩进值。

③ 项目符号和编号：文档排版时，某些段落前面加上编号或者某种特定的符号，可以提高文档的条理性。单击"开始"→"项目符号"或"编号"下拉按钮即可进行设置。

任务四　修饰美化版面

任务涉及的主要知识点

美化版面效果有添加边框、底纹或水印等效果。

任务实现过程

为了突出文档中某些文本等内容的打印或显示效果，可为它们添加边框、底纹或水印以示强调。

1．添加底纹和边框

要求：为文中的标题"求职自荐书"文字添加橙色底纹，为页面添加一个边框。

（1）选中标题文本"求职自荐书"，单击"开始"→"段落"→"底纹颜色"下拉按钮，在调色板的标准色中选择"橙色"即进行相应的设置。添加底纹后的效果如图 3-19 所示。

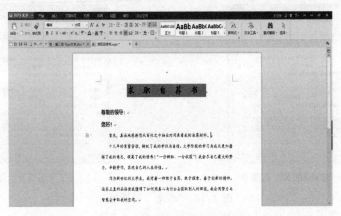

图 3-19　设置底纹后的效果

（2）单击"页面布局"→"页面边框"按钮，弹出"边框和底纹"对话框，在对话框中选择相应的线型、颜色、宽度，如图 3-20（a）所示；并单击对话框右下角的"选项"按钮，在弹出的"边框和底纹选项"对话框中进行设置，如图 3-20（b）所示，然后单击"确定"按钮，返回"边框和底纹"对话框，再次单击"确定"按钮，完成页面边框后的效果如图 3-20（c）所示。

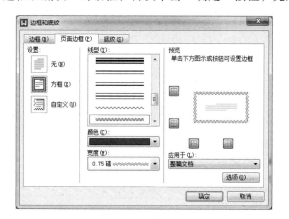

（a）"边框和底纹"对话框　　　　　　　　　（b）"边框和底纹选项"对话框

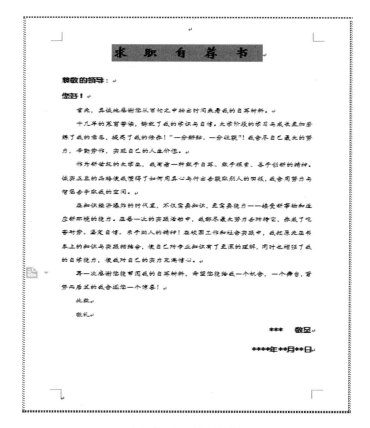

（c）设置页面边框后的效果

图 3-20　设置页面边框

2. 设置水印

要求：将 bj.jpg 设置为求职自荐书的页面背景。

（1）单击"插入"→"水印"→"插入水印"按钮，弹出"水印"对话框，如图 3-21 所示。

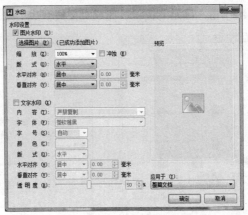

图 3-21 "水印"对话框

（2）选择"图片水印"复选框，单击"选择图片"按钮，选择设计好的背景图片"bj.jpg"，在"缩放"下拉列表中选择"100%"，取消选择"冲蚀"复选框。

（3）单击"确定"按钮，设置完毕。

⊙ 说明

① 除了可以使用图片作为页面背景，也可以使用纯色或其他填充效果来设置，设置方法与水印类似，单击"页面布局"→"背景"下的"渐变""纹理""图案"等按钮进行设置即可。

② 设置背景也可以用直接插入图片的方法，并将图片的版式设置为"衬于文字下方"，然后调整图片大小和位置即可。

⊙ 注意

使用水印的方法设置页面背景时，要注意图片的大小要和页面的大小一致。例如，在上述例子中，选用的页面是 A4 纸张，A4 纸的大小为 21 cm×29.7 cm，在制作页面背景图片时尽量也要和该尺寸一致，否则影响效果。

任务五 页面设置及打印

任务涉及的主要知识点

（1）页面设置分别是页边距、纸张、版式、文档网格及分栏的设置。

（2）打印有页码范围、份数等的设置。

任务实现过程

要求：将"求职自荐书.WPS"文档的上、下、左、右页边距设置为 3cm，纸张大小为 A4，纵向打印。

1. 页面设置

（1）单击"页面布局"→"页面设置"按钮，弹出"页面设置"对话框，如图 3-22 所示。在"页面设置"对话框中有 5 个选项卡，分别是"页边距""纸张""版式""文档网格"和"分栏"。在"页边距"选项卡中，设置页边距为"上""下""左""右"边距各为 30 mm，"方向"为纵向（默认方向），应用范围为"整篇文档"。

> ⊙ 说明
>
> 页面设置的内容包括：设置输出纸张大小、页边距、页眉页脚的位置，决定是否设置装订线，以及设置每页容纳的行数及每行容纳的字符数等。建议在对字符、段落等格式进行设置前，进行页面设置，以便在编辑排版过程中随时根据页面视图调整版面。不同的纸张，不同的页边距，打印出来的效果是完全不同的。

（2）选择"纸张"选项卡，设置打印的纸张大小为 A4，然后单击"确定"按钮，完成其页面设置，如图 3-23 所示。

图 3-22　"页边距"选项卡

图 3-23　"纸张"选项卡

2. 打印预览和打印文档

（1）对文档"求职自荐书.WPS"进行打印预览，操作步骤如下：

单击"WPS 文字"→"打印预览"按钮，或者是单击工具栏中的"打印预览"按钮，即可预览打印效果，如图 3-24 所示，单击"关闭"按钮，退出打印预览。

（2）编辑好文档，若对通过打印预览查看文档的版式和内容感到满意，且确认打印机和计算机连接无误，设置了打印机的属性以后，就可以打印文档。操作步骤如下：

单击"WPS 文字"→"打印"按钮，弹出"打印"对话框，如图 3-25 所示。在"名称"下拉列表框中选择要使用的打印机，"页码范围"选项组中选择打印范围，"副本"选项组中设置"份数"，检查打印纸张是否放好，一切准备就绪后单击"确定"按钮，即可开始打印文档。

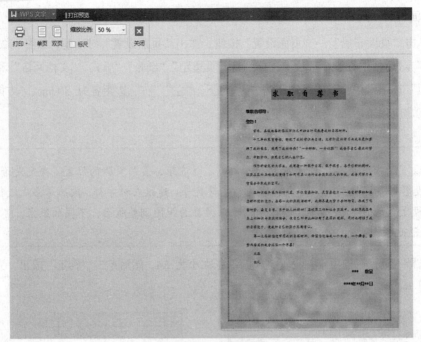

图 3-24　打印预览

图 3-25　"打印"对话框

○说明

　　① 在打印多页文档时，若要打印连续的几页，用"-"连接起始页和终止页，如"3-10"，表示从第 3 页到第 10 页。要打印不连续的页码，用","隔开，如"3,5"，表示打印第 3 页和第 5 页。

　　② 如果对文档有更多的打印要求，如需要打印文档的文档属性、打印背景色等，可以通过单击"选项"或"属性"按钮，在弹出的对话框中进一步设置。

项目二　学院周报的编辑与排版

　**项目描述**

　　小张要制作一期武夷学院的周报，要求主题突出，布局美观，图文并茂，别具一格。如何对图片及文字进行合理布局，如何在一页内设置不同方向的文字排列效果，如何在一个文本框中实现类似分栏的效果，都是项目中需要解决的问题。

解决方案

　　制作学报时，可以将学报的版面用分栏和文本框进行整体布局，规划好后，再按版块进行编辑排版，对图片、艺术字、文本框等进行相应设置等。小张最终制作出的学院周报的样文效果如图 3-26 所示。

图 3-26　学院周报

项目分解

　　在制作过程中，将项目分解为以下 5 个任务，逐一解决：
- 页面的"分栏"布局。
- 周报标题制作。
- 绘制自选图形。
- 图文混排。
- 文本框链接实现"分栏"。

任务一　页面的"分栏"布局

任务涉及的主要知识点

"分栏"是文档排版中常用的一种版式，在报纸和杂志编排中广泛运用。它使页面在水平方向上分为几栏，文字逐栏排列，填满一栏后才转到下一栏。文档内容分列于不同的栏中，这种分栏方法使页面排版灵活，阅读方便。

任务实现过程

使用 WPS 文字可以在文档中建立不同版式的分栏，还可以随意更改各栏的栏宽及栏间距、栏与栏之间是否添加分隔线等。

要求：新建文档"学院周报.WPS"，将页面设为 A3、横向，"上""下""左""右"边距各为 2 cm，整体分"两栏"布局，以实现图 3-26 所示样文的分栏效果。

（1）启动 WPS 文字，创建一个新文档，保存文件名为"学院周报.WPS"。

（2）分别单击"页面布局"选项卡下的相应按钮，将页面设为 A3 纸张，方向为横向，"上""下""左""右"边距各为 2 cm。

（3）单击"页面布局"→"分栏"→"更多分栏"按钮，出现"分栏"对话框，如图 3-27 所示。

（4）在"预设"区域中，选择"两栏"，单击"确定"按钮，完成分栏。连续多个回车后，即可见到分栏后的效果，如图 3-28 所示。

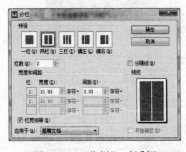
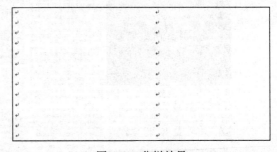

图 3-27　"分栏"对话框　　　　　　　　　　图 3-28　分栏效果

> **说明**
>
> 若只需对指定文本内容进行分栏，可先选定所需分栏的文本内容，再单击"页面布局"的"分栏"按钮便可实现。

任务二　周报标题制作

任务涉及的主要知识点

（1）艺术字：属于一种具有特殊文字效果的图形对象，使文字产生特殊的表现效果，使用现成效果创建的文本对象，并可以对其应用其他格式效果。

（2）文本框：WPS 文字所提供的一种用于文档修饰和版面编排的工具。文本框的应用形式非常灵活，把文字和图片装载在其中，可以随意移动，也可以设置各种边框和背景图像。

任务实现过程

1. 插入艺术字标题

要求：设置"学院周报"等各标题，艺术字效果如图3-26所示。

（1）将插入点置于左上角报头标题的位置。

（2）单击"插入"→"艺术字"按钮，在弹出的对话框中选择"第1行第2列"的艺术字样式单击"确定"按钮，弹出"编辑'艺术字'文字"对话框，如图3-29所示。

（3）输入文字内容"学院周报"，设置字体格式为"华文行楷、54号、加粗"，单击"确定"按钮。

（4）选定艺术字"学院周报"并右击，在弹出的快捷菜单中选择"设置对象格式"命令，弹出"设置对象格式"对话框，如图3-30所示。在对话框中，选择"颜色与线条"选项卡，选择填充颜色为"红色"，线条颜色为"无线条颜色"；选择"大小"选项卡，设置"尺寸和旋转"中的高度为28 mm，宽度为85 mm；选择"版式"选项卡，选择环绕方式为"浮于文字上方"，最后单击"确定"按钮，即完成相应的艺术字编辑操作。

（5）类似完成样文所示的其他艺术字标题，不再赘述。

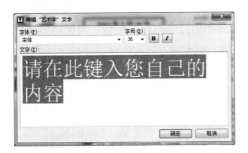

图3-29 "编辑艺术字文字"对话框

图3-30 "设置对象格式"对话框

2. 文本框

要求：将文字内容装载在一个横排的文本框中，完成周报标题所示拼音及日期部分的文本框处理。

（1）选定已输入好的文字内容，单击"插入"→"文本框"→"横向文本框"按钮，选定的文字内容便装载在文本框中，再次选定文字内容，设置段落为"居中对齐"方式。

（2）单击文本框，该文本框即被选中，并在文本框周围出现8个控制点，拖动鼠标可以移动文本框的位置，将鼠标移动到控制点上，拖动鼠标可改变文本框大小。

（3）设置文本框格式。将鼠标指针移到文本框边缘的位置，鼠标指针变为"✥"形状，此时单击可选中文本框，右击，在弹出的快捷菜单中选择"设置对象格式"命令，弹出"设置对象格式"对话框，如图3-31所示。通过该对话框，可设置文本框的颜色与线条、大小、版式等格式。

图3-31 "设置对象格式"对话框

任务三　绘制自选图形

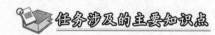 **任务涉及的主要知识点**

WPS 文字不仅具有强大的文字处理功能，同时也具有图形处理功能，它为用户提供了一套绘制图形的工具，可以绘制形状各异、大小不同的多变图形，将这些图形和文本交叉混排在文档中，可使文档更加美观、大方。

 **任务实现过程**

要求：为学院周报绘制如图 3-32 所示的自选图形。

图 3-32　自选图形效果

（1）将插入点置于要绘制图形的位置。

（2）单击"插入"→"形状"→"基本形状"→"平行四边形"按钮，当鼠标指针变为+字形时，将指针移动到要绘制图形的位置，按住鼠标并拖动到合适大小后释放鼠标。

（3）为自选图形着色。选中自选图形并右击，在弹出的快捷菜单中选择"设置对象格式"命令，在弹出的对话框中选择"颜色与线条"选项卡，如图 3-33 所示，"填充"选项组的"颜色"下拉列表框中选择所需要的颜色，"线条"选项组的"颜色"下拉列表框中选择"无颜色"，单击"确定"按钮。

图 3-33　"设置对象格式"对话框

（4）在自选图形中添加文字。选中自选图形"平行四边形"并右击，在弹出的快捷菜单中选择"添加文字"命令，此时插入点定位于自选图形的内部，输入文字"冬"，对文字格式进行设置，并将自选图形调整到合适大小。

其他自选图形的绘制方法与上述相似，不再赘述。

> ● 说明
> ① 绘制图形只有在"页面视图"方式下才可使用。
> ② 在自选图形中添加文字，可以使用文本框，效果更佳。
> ③ 组合对象：按住【Shift】键的同时，依次选择多个图形对象，然后右击，在弹出的快捷菜单中选择"组合"→"组合"命令即可。
> ④ 设置对象叠放层次：选中对象后右击，在弹出的快捷菜单中选择"叠放次序"命令，在其子菜单中选择所需的叠放次序即可。

任务四　图文混排

任务涉及的主要知识点

（1）插入素材库中的图片，可以是形状，也可以是其他素材图片。

（2）图片的编辑，可以设置图片的大小、版式等。

1. 插入素材库中的图片

将光标置于插入点的位置，单击"插入"→"素材库"按钮，弹出"形状和素材"任务窗格，如图 3-34（a）所示。在"搜索文字"文本框中输入所需搜索的单词，例如，"搜索文字"文本框中输入"感谢"，然后单击"搜索"按钮，可以搜索出与感谢有关的图片，如图 3-34（b）所示。此时，在搜索结果中可逐个查阅，选择想要插入的图片，即可将所选图片插入到文档中。

（a）

（b）

图 3-34　"形状和素材"任务窗格

2. 图片的编辑

图片在版面中往往能够吸引众多目光，因此合理地设计图片在版面中出现的大小、摆放位置和表现形式等，对整个版面能产生良好的视觉效果，起烘托和画龙点睛的作用。

1）图片的大小

在 WPS 文字中插入图片后，如果对插入的图片尺寸不满意，可以重新调整图片的比例。首先选中图片，此时在图片的四周将出现 8 个小方块（又称 8 个控制点），用鼠标拖动位于 4 个角上的控制点，可以等比例地调整图形的宽度与高度，用鼠标拖动位于中间的 4 个控制点，可以单独调整图片的宽度和高度。

◎注意

　　此时改变的只是图片的展示大小，也就是图片的缩放比例，并没有对图片本身的大小进行改变。

　　如果需要精确定位图片的尺寸，可以选中图片后右击，在弹出的快捷菜单中选择"设置对象格式"命令，弹出"设置对象格式"对话框，在对话框中选择"大小"选项卡，然后根据要求完成具体设置，如图 3-35 所示。

图 3-35　"大小"选项卡

◎说明

　　在对图片进行"缩放"设置时，如果选择"锁定纵横比"复选框，则图片的高度和宽度将等比例发生改变，图片不会变形。

　　2）图片的裁剪

　　当图片被选中时，在"图片工具"选项卡中，有一个专门用来裁剪图片的"裁剪"按钮，可以裁剪掉图片中多余的部分。单击"裁剪"按钮，此时再去拖动图片周围的 8 个控制点，向内拖动可裁剪图片，向外拖动可扩张图片，在图片外任意位置单击，将结束裁剪动作。

　　3）图文混排

　　在编排文档时，为了实现"图文并茂"的效果，需要在文档中共存文字和图片两类对象。WPS文字中插入的图片有两种形式：嵌入式与浮动式。默认情况下，图片以嵌入式插入文档中，此时WPS文字可以像对待文本一样对图片进行操作。

　　有时可能不希望图片按照文字方式来处理，而是"独立于文字"（称为浮动式图片），此时的图片可以搬移到任意位置，而且可以实现各种文字环绕的效果（所谓图片的"环绕方式"，就是文字内容在图片周围的排列方式）。其操作步骤如下：选中图片并右击，在弹出的快捷菜单中选择"设置对象格式"命令，弹出"设置对象格式"对话框，选择"版式"选项卡，选择一种所需的文字对图片的环绕效果（嵌入型、四周型、紧密型、上下型、衬于文字下方和浮于文字上方等）即可。几种文字环绕的效果分别如图 3-36 所示。

泛黄的树叶点缀着，似乎仅仅是初秋的感觉。路边的法国梧桐黄叶头上还顶着那奇形怪状的绿色帽子，显得还是那么精神抖擞。

人岑参写的"忽如一夜春风来，千树万树梨花开"这样富有诗意的

家兼世界十大　　　　　　　　文家之一的鲁迅先生也曾

上，地上，枯草上，就是这样。屋上的雪是早就有消化了的，因山坳地光，如包藏火焰的大雾，旋转而且升腾，弥漫太空，使太空的姿，像极了破雪而出的洁白蝴蝶。破雪，是为了寻找生命的花朵了美，为了展示美！雪于我来说亦如此。

嵌入型

戚市的树木依然苍葱，路两边绿草如茵，点缀在冬青丛中一簇簇月老丽无比，给人以暖暖的感觉。

乏黄的树叶点缀着，似乎仅仅是初秋的感觉。路边的法国梧桐黄叶头上还顶着那奇形怪状的绿色帽子，显得还是那么精神抖擞。

人岑参写的"忽如一夜春风来，的文学家思想家革命

四周型

手扶窗台，睁开眼，再抬起头，仰望天空飞鸟痕迹。下依然苍葱，路两边绿草如茵，点缀在冬青丛中一簇簇月季给人以暖暖的感觉。

十点缀着，似乎仅仅是初秋的感觉。路边的法国梧桐黄叶多帽子，显得还是那着那奇形怪状的绿色

紧密型

上下型

天；手扶窗台，睁开眼，再抬起头，仰望天空飞鸟痕迹。木依然苍葱，路两边绿草如茵，点缀在冬青丛中一簇簇月季花给人以暖暖的感觉。

叶点缀着，似乎仅仅是初秋的感觉。路边的法国梧桐黄叶多起着那奇形怪状的绿色帽子，显得还是那么精神抖擞。

衬于文字下方

浮于文字上方

图 3-36　6 种图片环绕方式的效果

任务实现过程

要求：参照图 3-26 所示在文档中插入"冬日.jpg"图片。

（1）将光标置于要插入图片的位置。

（2）单击"插入"→"图片"按钮，弹出"插入图片"对话框，通过该对话框找到需要插入的图片文件"冬日.jpg"，单击"插入"按钮，如图 3-37 所示。

图 3-37 "插入图片"对话框

（3）选中图片并右击，在弹出的快捷菜单中选择"设置对象格式"命令，弹出"设置对象格式"对话框，设置图片的大小和版式。

任务五 文本框链接实现"分栏"

编辑排版时可以看到，放入方格或文本框的内容将无法分栏，为了解决这一问题，如学院周报就是采用多个文本框互相链接的方法来进行排版，实现分栏效果。

任务实现过程

要求：编辑"党总支书记会议召开"版块，排版后的效果如图 3-38 所示。

图 3-38 部分版块编排后的效果

（1）单击"插入"→"文本框"→"横向文本框"按钮，参照图 3-39 所示的结构示意图在版面左侧相应位置处分别绘制 5 个文本框。

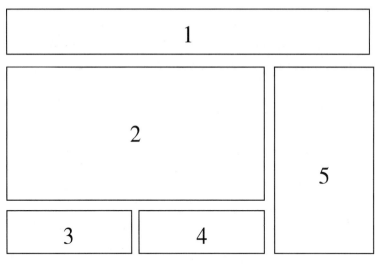

图 3-39　文本框结构示意图

（2）文本框绘制完成后，编号"1"文本框中插入艺术字标题，编号"2"文本框中插入图片，将所有文字复制到编号"3"文本框中，单击"绘图工具"→"创建链接"按钮，将鼠标指针移到编号"4"文本框中，当鼠标指针形状变成 🖑 时单击，此时上一个文本框中显示不下的文字就会自动转移到第二个文本框中。同理，通过"创建链接"按钮把编号"4"文本框显示不下的内容转移到编号"5"文本框，实现 3 个文本框的链接。

◎注意

　在建立文本框链接的过程中，有时会出现链接错误的情况，WPS 文字将会弹出错误提示框，此时只需按【Enter】键或【Esc】键取消链接操作。如果要取消两个文本框的链接，只需单击"绘图工具"→"断开链接"按钮即可。

（3）依次取消 5 个文本框的外边框。分别打开"设置对象格式"对话框，选择"颜色与线条"选项卡，"填充颜色"和"线条颜色"均设置为"无颜色"，去掉各个文本框的外边框。

　文中其他版块的"分栏"效果操作与上述相似，不再赘述。

项目三　班级成绩表的制作

 **项目描述**

　一学年结束，张老师要制作一张班级的成绩表，以便对全班同学各科成绩进行统计分析。

解决方案

　使用 WPS 文字的表格功能进行绘制表格、输入表格数据，以及对表格数据进行相关计算。为了改变表格的外观，可通过设置表格的边框、单元格底纹，以及修改表格文字的对齐方式等实现。

样表效果如图 3-40 所示。

学期\姓名	第一学期				第二学期			
	思想修养	大学英语（一）	高等数学	计算机基础	电子商务	大学英语（二）	教育学	汉语言文学
张小英	85	90	89	92	80	88	89	82
李兴	90	80	79	83	90	80	79	83
陈晓菲	95	76	90	78	95	76	80	78
王丽英	82	82	81	85	82	82	81	85
黄玉	75	91	85	93	75	91	85	73
刘果	94	84	80	81	90	84	80	81
张明	80	74	70	76	80	74	90	76
林晓红	88	81	78	86	75	81	78	86
叶云	70	91	94	93	70	91	94	83
陈小飞	83	74	78	80	83	74	78	80
平均分	84.2	82.3	82.4	84.7	82	82.1	83.4	80.7

图 3-40 班级成绩表

项目分解

在制作过程中，将项目分解为以下 3 个任务，逐一解决：
- 创建表格。
- 编辑表格。
- 表格数据的统计分析。

任务一 创建表格

任务涉及的主要知识点

（1）WPS 文字中的表格是由水平行和垂直列表示的，行和列交叉成的矩形区域称为单元格，每个单元格放一个数据，如姓名、性别、成绩等。

（2）表题也叫表格的标题，即表格的题目区域。

（3）表头一般为表格的前一行或几行，用来输入表格每一列内容的名称，如图 3-40 中的第一、二行即为表头，在它对应的单元格中分别填入成绩……

（4）表体即表格的主体区域，用来存放数据内容。

（5）具有表题、表头和表体结构的才叫报表。

任务实现过程

1. 插入表格

要求：创建一个 14（行）×9（列）的规范表格。

（1）新建一个文档，设置纸型为 A4，方向为纵向。在文档的首行输入表格标题，并保存文档。

（2）将插入点置于表格标题下一行的行首，单击"插入"→"表格"→"绘制表格"按钮，弹出图 3-41 所示的对话框，在"列数"文本框中输入"9"，在"行数"文本框中输入"14"，单击"确定"按钮，即可在插入点创建一个 14（行）×9（列）的表格，如图 3-42 所示。

图 3-41　"插入表格"对话框　　　　　图 3-42　创建规范表格的效果

2．为表格添加行或列

当创建好的表格行或列数不够时，可以将插入点置于需要添加行或列位置所在的单元格。

要求：将 14（行）×9（列）的表格变成 15（行）×9（列）的表格，即在表格的最后一行新增一行。

将插入点置于第 14 行的任意单元格中，单击"表格工具"→"在上方插入"或"在下方插入"按钮即可。

> **⊙说明**
>
> 　　如果创建的表格位于文档的首部，没有预留表格标题的位置，此时可以在表格的第一个单元格内按【Enter】键，将自动在表格的上方产生一个空行。如果表格的上方有一空行，那么在表格的第一个单元格内按【Enter】键，只会在单元格内产生新的段落。

3．合并单元格

要求：按照样表（图 3-40）所示，合并单元格。

所谓合并单元格，就是将多个单元格合并为一个单元格，而拆分单元格则是将一个单元格分为多个单元格。

在表格第 1 列的第 1~4 行单元格中拖动鼠标，选中这几个单元格，单击"表格工具"→"合并单元格"按钮，则刚刚选中的单元格被合并成一个单元格。按照同样的方法，合并其他单元格，合并后的效果如图 3-43 所示。

图 3-43　合并单元格

◎说明

　　合并单元格的其他方法：

　　① 选中要合并的单元格并右击，在弹出的快捷菜单中选择"合并单元格"命令。

　　② 单击"表格工具"→"橡皮擦"按钮，在需要擦除框线的位置单击，即可擦除掉框线完成合并。

　　拆分单元格的两种实现方法：

　　① 单击"表格工具"→"拆分单元格"按钮。

　　② 选中要拆分的单元格并右击，在弹出的快捷菜单中选择"拆分单元格"命令。

4. 调整表格行高或列宽

　　表格中的行高或列宽可以不用设置，在输入文字时会自动根据单元格中的内容进行调整。但在实际应用中，为了表格的整体效果，需要对它们进行适当调整。参照样图表格，将表格的高度和宽度调整到适当值。

　　将鼠标指针停留在表格线上，鼠标指针就会变成上下或左右箭头，按住鼠标并拖动表格线，即可调整表格的行高或列宽，或通过表格属性指定精确的行高或列宽。

5. 绘制斜线表头

　　在绘制表格时，经常需要在表头（第 1 行的第 1 个单元格）中绘制斜线，这时可以使用 WPS 文字提供的绘制斜线表头功能来完成，斜线表头可以使表格各部分所展示的内容更加清晰。

　　要求：按照样表（见图 3-40）所示的样式绘制斜线表头。

　　（1）将光标置于表格的第 1 个单元格中。

　　（2）单击"表格样式"→"绘制斜线表头"按钮，弹出图 3-44 所示的"斜线单元格类型"对话框，在此对话框中提供了 8 种斜线单元格类型。

　　（3）根据预览框中显示的效果选择需要的表头样式，单击"确定"按钮即可。

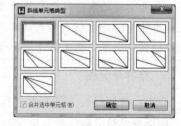

图 3-44　"斜线单元格类型"对话框

◎注意

　　除了使用"表格样式"→"绘制斜线表头"按钮在表格第 1 行的第 1 个单元格中绘制斜线外，也可以使用下列方法完成：单击"表格工具"→"绘制表格"按钮，绘制表头的任意形式。

　　WPS 文字提供的斜线表头可以随着表格的移动而移动，斜线表头的每一个部分都是一个独立的文字输入区域。

任务二　编辑表格

任务涉及的主要知识点

　　表格的编辑主要有文字格式的设置，对齐方式及边框和底纹的设置。

任务实现过程

1．输入内容并设置单元格中的文字格式

要求：按照样表（见图 3-40）所示在创建的表格中输入内容，并设置相应单元格中的文字格式，完成后的效果如图 3-45 所示。

班级成绩表

学期\姓名	第一学期				第二学期			
	思想修养	大学英语（一）	高等数学	计算机基础	电子商务	大学英语（二）	教育学	汉语言文学
张小英	85	90	89	92	80	88	89	82
李兴	90	80	79	83	90	80	79	83
陈晓非	95	76	90	78	95	76	80	78
王丽英	82	82	81	85	82	82	81	85
黄玉	75	91	85	93	75	91	85	73
刘果	94	84	80	81	90	80	80	81
张明	80	74	70	76	80	74	90	76
林晓红	88	81	78	86	75	81	78	86
叶云	70	91	94	93	70	91	94	83
陈小飞	83	74	78	80	83	74	78	80
平均分								

图 3-45　在表格中输入内容

在表格中输入文本与在表格外的文档中输入文本一样，首先将插入点移动到要输入文本的单元格中，然后输入文本。如果输入的文本超过了单元格的宽度，则会自动换行并增加行高。如果要在单元格中开始一个新段落，可以按【Enter】键，该行的高度也会相应增大。

如果要移到下一个单元格中输入文本，可以单击单元格，或者按【Tab】键或【→】键移动插入点，然后输入相应的文本。

选中表格的相应单元格，参考图 3-40 的样表进行字体、字形等文字格式的设置。

2．表格及表格文字的对齐方式

1）设置表格文字的对齐方式

表格中文字的对齐方式与文档中文字的水平对齐方式是一样的，只是表格文字的对齐方式参照物变为"单元格"，在表格中，不但可以水平对齐文字，而且可以设置垂直方向的对齐。具体操作步骤如下：

- 选中要进行对齐处理的单元格。
- 单击"表格工具"→"对齐方式"→"水平居中"按钮。单元格的水平对齐方式有左、中、右 3 个位置，垂直对齐方式有上、中、下 3 个位置。将水平方向与垂直方向进行组合，共有 9 种对齐方式。

2）设置表格的对齐方式

单击"表格工具"→"表格属性"按钮，弹出"表格属性"对话框，如图 3-46 所示，通过该对话框，可以指定表格尺寸大小、表格对齐方式、文字环绕方式，以及指定行高、列宽等。在此处选择表格"居中"对齐方式即可。

3．设置表格边框和底纹

在创建好表格以后，表格常以黑色细线来显示。为了使表格的外观更加美观、大方，可以通过修改表格边框的颜色、线样式和底纹来实现，使之符合表格的设计要求。其操作方法与给文字添加边框和底纹的方法相似。

要求：按照样表（见图3-40）所示，修改表格的外观。

选定整个表格并右击，在弹出的快捷菜单中选择"边框和底纹"命令，弹出"边框和底纹"对话框，如图3-47所示，参考样表并进行相应设置，最后单击"确定"按钮即可完成表格外观的修改。

图3-46　设置表格属性

图3-47　"边框和底纹"对话框

任务三　表格数据统计分析

任务涉及的主要知识点

（1）常见的几个函数有求和（SUM）、平均值（AVERAGE）、最大值（MAX）、最小值（MIN）、条件统计（IF）等。

（2）范围参数：ABOVE（上面）、BELOW（下面）、LEFT（左边）、RIGHT（右边）。

任务实现过程

要求：按照样表（见图3-40）所示，对表格中的相应单元格进行求平均值计算。

（1）将插入点置于"思想修养"列求平均分的单元格中。

（2）单击"表格工具"→"公式"按钮，弹出"公式"对话框，如图3-48所示。

（3）单击"粘贴函数"下拉按钮，从下拉列表框中选择AVERAGE；再次单击"表格范围"下拉按钮，从下拉列表框中选择ABOVE，即对光标上方各单元格的数值求平均值。也可以在"公式"文本框中输入自定义的公式。

（4）在"数字格式"下拉列表框中选择所得结果的数字格式。

（5）其他课程的平均分计算方法类似，不再赘述。

图3-48　"公式"对话框

> ◎注意
>
> WPS文字的表格所提供的函数功能是有限的，与WPS表格相比，自动化能力差，即当不同单元格进行同种功能的统计时，须重复编辑公式或函数，编辑效率低。最大的问题是，当被统计的单元格内容改变时，统计结果是不能自动重新计算。

项目四　毕业论文综合排版

　　小张即将大学毕业，他要完成的最后一项作业就是撰写毕业论文，并按照学校下发的毕业论文格式要求进行编辑排版。

　　要完成一份符合学校要求毕业论文的编辑排版，首先必须对论文的各级标题设置标题样式，并添加相应的页眉和页脚，最后生成正确的文档目录。小张最终排版好的论文如图 3-49 所示。

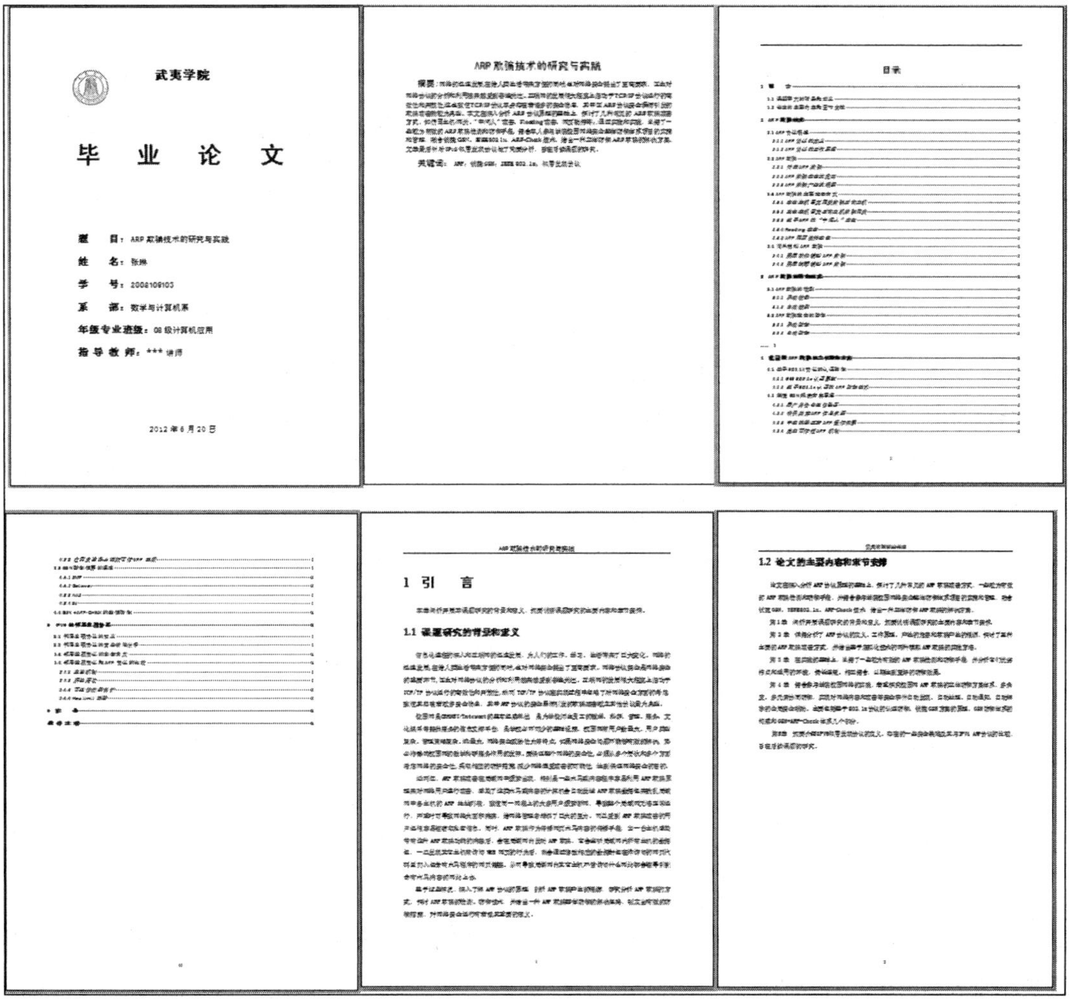

图 3-49　毕业论文排版效果图

项目涉及的主要知识点

1. 样式

样式是一组已命名的字符和段落格式的组合。使用样式有两个主要好处：若文档中有多个段落使用了某个样式，当修改样式后，即可改变文档中应用此样式的内容的格式；二是对长文档有利于构造大纲和目录等。

样式包括内置样式和新建样式。WPS 文字不仅提供大量的内置样式，还允许用户创建自己个性化的新样式。当内置的样式不能满足实际需求时，就需要对内置样式进行修改。

可以删除用户自定义的样式，但是无法删除 WPS 文字自带的内置样式。在"样式和格式"任务窗格中，将鼠标指针移动到要删除的样式右侧，单击下拉按钮，在弹出的下拉菜单中选择"删除"命令，即可删除所选样式。

> ◎说明
>
> 　　当对某段文字的格式进行直接修改时，影响的只是该段文字，而如果是通过样式进行格式调整，则影响的将是整个文档中应用了此样式的所有文字。因此，在编辑文档格式的过程中，样式的应用能够提高整个文档的排版效率，而且也便于整个文档格式的统一调整。需要对已编辑文档的格式进行修改时，修改对应的样式便可修改整篇文档。

2. 分节符

节是为了把某一文档设置为不同的页面格式，需要对文档进行分节。节可以包含一个段，也可以是多个段、多页，甚至一个文档就只有一个节。节是文档格式化的最大单位，分节符是一个节的结束符号，起着分隔其前面文本格式的作用。默认情况下，WPS 文字将整个文档视为一节。

在进行 WPS 文字排版时，经常需要对同一个文档中的不同部分采用不同的版面设置，如设置不同的页面方向、页边距、页眉和页脚，或重新分栏排版等。这时，如果通过"页面设置"来改变其设置，会引起整个文档所有页面的改变，这就需要对 WPS 文字进行分节。

3. 页眉和页脚

页眉和页脚是指每一页出现在文档的顶部和底部页边距之外的文字或图形，通常用于添加书名、章节名称、文档名、日期和页码等内容，默认情况下，页眉在文档的顶部，页脚在文档的底部。在文档中可以使用一致的页眉和页脚，也可以根据需要设置不一样的页眉和页脚。

4. 页码

在编辑完一篇较长的文档时，往往要给文档的各页面加上页码，便于更好地浏览和管理文档。若文档没有分节，则默认为整篇文档添加页码。如果文档有分节，将光标移动到要添加页码的节中，插入页码时，页码编号方式有两种编排方式：续前节和重新开始编号，这些都需要在"修改页码"对话框中进行设置。

5. 目录

目录是长文档不可缺少的重要组成部分，由文章的标题和页码组成。可以将目录插入到文档的首页，便于读者通过目录了解一篇文档中讲述了哪些内容，并可以快速查看指定的章节。

当编写书籍、论文时，一般都有目录，以便全貌反映文档的内容和层次结构，便于阅读。要生成目录，就必须对文档的各级标题进行格式化，通常使用样式的"标题"统一格式化，便于长文档、多人协作编辑的文档的统一。目录一般分为 3 级，使用相应的 3 级如"标题 1""标题 2""标题 3"样式来格式化，也可使用其他几级标题样式，还可以使用自己创建的样式。

6．文档属性

文档属性包括作者、标题、主题、关键词、类别、状态和备注等项目。

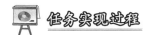

项目分解

在制作过程中，将项目分解为以下 6 个任务，逐一解决：

- 使用样式排版。
- 插入分节符。
- 页眉、页脚的设置。
- 添加页码。
- 创建目录。
- 设置文档属性。

任务一　使用样式排版

任务实现过程

1．应用 WPS 文字的内置样式

WPS 文字本身自带了许多样式，称为内置样式，单击"开始"→"样式和格式"按钮，打开"样式和格式"任务窗格，可以看到"标题 1""标题 2""标题 3"等内置样式名，如图 3-50 所示。

要求："论文稿.WPS"文档的"1 引言""2 ARP 欺骗技术"……"6 结论""参考文献"等内容应用内置样式"标题 1"；"2.1.1 ARP 协议的定义""2.1.2 ARP 协议的工作原理"等内容应用内置样式"标题 3"。

图 3-50　"样式和格式"任务窗格

（1）打开素材文件"论文稿.WPS"，光标置于"1 引言"文本内容处。

（2）单击"开始"→"标题 1"按钮，此时光标所在的段落就会应用所选的格式。

（3）其他几处文本内容分别应用内置样式"标题 1""标题 3"，方法跟上述相似，不再赘述。

2．修改样式

要求：将"标题 2"的样式修改成"宋体，三号，加粗，段前、段后各 13 磅，1.73 倍行距"；将"1.1 课题研究的背景和意义""2.1 ARP 协议概述"等内容应用内置样式"标题 2"。

（1）将插入点置于"标题 2"样式应用文本处，打开"样式和格式"任务窗格，将鼠标指针

停留在"标题 2"样式上，单击右侧下拉按钮，在弹出的下拉菜单中选择"修改"命令，弹出"修改样式"对话框，如图 3-51 所示。

（2）在"修改样式"对话框中，可通过"格式"选项组进行如下设置："宋体、三号，加粗"。

（3）单击"格式"按钮，在弹出的下拉菜单中选择"段落"命令，在弹出的对话框中设置段落格式为"段前、段后各为 13 磅，1.73 倍行距"，然后单击"确定"按钮，则完成样式修改。

> **◎注意**
>
> 　　在"样式和格式"任务窗格中修改样式后，文档中所有应用了该样式的文本都会同时发生相应的变更。

3. 新建样式

要求：为"论文稿.WPS"文档创建"二级标题"样式。

在"样式和格式"任务窗格中单击"新样式"按钮，弹出"新建样式"对话框，如图 3-52 所示，在"名称"文本框中输入新建样式名称"二级标题"，"样式基准"下拉列表框中选择"标题 2"选项，"后续段落样式"下拉列表框中选择"二级标题"选项；设置字体格式为：黑体、三号、加粗；段前、段后各 13 磅，1.73 倍行距。单击"确定"按钮，一个新样式即创建完成，同时在任务窗格中可看到新建的样式。

图 3-51　"修改样式"对话框

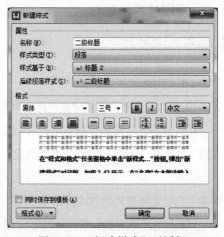

图 3-52　"新建样式"对话框

任务二　插入分节符

任务实现过程

"论文稿.WPS"的文档结构图如图 3-53 所示。

（1）在"论文稿.WPS"文档的标题前插入一个"分节符"，操作步骤如下：

将插入点定位在需要插入分节符的位置即标题文字前，单击"页面布局"→"分隔符"→"下一页分节符"按钮，原文档之前即插入一个空白页（空白页在此留做封面）。常见的"分隔符"类型请参见图 3-54 所示。

（2）其他几处的"分节符"操作方法跟上述相似，不再赘述。

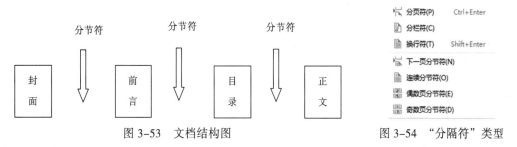

图 3-53　文档结构图　　　　　　　　图 3-54　"分隔符"类型

○说明

　　如果单击"WPS 文字"下拉按钮，在弹出的下拉菜单中选择"工具"→"选项"命令，弹出"W 选项"对话框，再选择"视图"→"格式标记""全部"复选框，单击"确定"按钮，则可以在文档中看到分节符，显示状态如"......................分节符(下一页).................."，可以在显示状态后用【Backspace】键或在前用【Delete】键，像删除一个文字一样直接将其删除。

任务三　添加页眉和页脚

 **任务实现过程**

　　要求：为"论文稿.WPS"文档的正文部分（从"1 引言"开始一直到文章末尾）添加页眉和页脚。

　　（1）将光标插入点定位到正文部分，单击"插入"→"页眉和页脚"按钮，进入页眉页脚编辑状态，同时显示"页眉和页脚"工具栏，此时可像处理正文一样输入文字、进行格式设置或插入图片等。

　　（2）单击"选项"按钮，弹出"页眉/页脚设置"对话框，如图 3-55 所示。选择"奇偶页不同"复选框，分别添加奇数页页眉内容为"ARP 欺骗技术的研究与实践"，偶数页页眉内容为"武夷学院毕业论文"。

　　（3）单击"页眉页脚切换"按钮，进入页脚编辑状态，在页脚中插入页码（操作方法在下一知识点中介绍）。

○说明

　　① 在同一篇文档的不同节中插入不同页眉和页脚的方法：将插入点移到要新建页眉和页脚的页面中，进入页眉和页脚的编辑状态，单击"同前节"按钮，断开当前的页眉和页脚与上一节的链接。

　　② 页眉和页脚只能在"页面视图"下显示。当进入页眉和页脚的编辑状态时，正文编辑区的内容呈灰色显示，插入点光标出现在页眉区域。

任务四　添加页码

 **任务实现过程**

　　要求：在"论文稿.WPS"文档正文部分的页脚中添加页码，页码格式采用"1、2、3……"数字格式。

（1）将插入点置于正文部分第 1 页的页脚部分，单击"页码"按钮，弹出图 3-56 所示的下拉列表框，从中选择页码的位置。

图 3-55 "页眉/页脚设置"对话框

图 3-56 页码位置

（2）页码位置确定后，单击"修改页码"按钮，在"样式"下拉列表框中选择一种样式，"应用范围"下拉列表框中选择范围，选择"重新开始编号"复选框，在"起始值"微调框中指定起始页码，然后单击"确定"按钮。

> ◎说明
>
> 若文档没有分节，则默认为整篇文档添加页码。如果文档有分节，将光标移动到要添加页码的节中，插入页码时，注意页码的应用范围。插入页码后，用户可以像设置文档中的文本一样设置页码的字体格式，但在任意页上的更改都将影响本节所有页码的格式。

任务五　插入目录

任务实现过程

在 WPS 文字中自动生成目录前，要求在文档中必须正确应用标题和正文等样式。

要求：为"论文稿.WPS"文档创建目录。

（1）将光标定位到需要插入目录的位置，单击"引用"→"插入目录"按钮，弹出"目录"对话框，如图 3-57 所示。

（2）"制表符前导符"选项用来指定目录引线的样式；"显示级别"选项决定了创建几级目录索引；"显示页码"复选框表示可以在目录后加上对应的页码；"页码右对齐"复选框是指目录对应的页码统一右对齐；"使用超链接"复选框是指按住【Ctrl】键单击目录中的页码，WPS 文字就会跳转显示该页码的页面。

（3）单击"选项"按钮，弹出"目录选项"对话框。在"有效样式"列表框中找到相应的样式"标题 1、标题 2、标题 3"，并将它们的目录级别分别设置为 1、2 和 3 级，如图 3-58 所示，然后单击"确定"按钮。

（4）返回"目录"对话框，单击"确定"按钮，即可插入自动生成的目录。

（5）更新目录。如果生成目录后又对文档进行了修改，就需要修改已生成的目录。选中目录并右击，在弹出的快捷菜单中选择"更新域"命令，弹出图3-59所示的对话框，如果选择"只更新页码"单选按钮，则WPS文字仅更新现有目录项的页码，不会影响目录项的增加或修改；如果选中"更新整个目录"单选按钮，WPS文字将重新创建目录。

图3-57　"目录"选项卡

图3-58　"目录选项"对话框

任务六　文档属性

任务实现过程

1. 设置属性

要求：为"论文稿.WPS"文档设置属性。标题：ARP欺骗技术的研究与实践，作者：小张，单位：武夷学院。

（1）单击"WPS文字"→"文件信息"→"属性"按钮，弹出相应文件的属性对话框。

（2）在"摘要"选项卡中分别填写文档的标题、作者和单位，如图3-60所示。

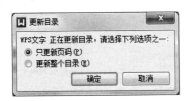

图3-59　"更新目录"对话框

图3-60　设置文档属性

2. 设置文档安全性

要求：为"论文稿.WPS"文档设置密码。

单击"WPS文字"→"文件信息"→"文件加密"按钮，弹出"选项"对话框，如图3-61所示，在相应的密码文本框中输入密码，然后单击"确定"按钮。

3. 统计文档字数

写论文、文章时通常需要及时统计文章字数，在 WPS 文字中，可以通过字数统计功能统计文章字数，甚至包括符号、段落和行的数量等。其操作步骤如下：

打开文档"论文稿.WPS"，单击"审阅"→"字数统计"按钮，弹出"字数统计"对话框，可以清楚地看到字数统计信息，如图 3-62 所示。

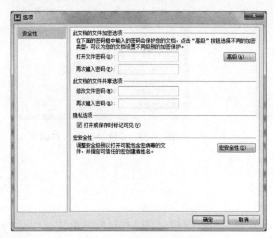

图 3-61 "选项"对话框

图 3-62 "字数统计"对话框

> **◎说明**
>
> ① 文稿排版时，某些段落前面加上编号或者某种特定的符号，可以提高文稿的条理性。在 WPS 文字中，可以自动给段落创建编号或项目符号，并且提供了标准的中文项目符号、编号及多级编号，如图 3-63 所示。
>
> ② WPS 文字的修订功能：将文稿交给他人审阅，为了让审阅者直接在文档中修改，不但节省了打印和文稿传递（发送）的时间，而且能够跟踪（或者说保留）每位审阅者的修改内容（意见）。在特定部门、特定文件中 WPS 文字的修订功能是具有重要意义的，如图 3-64 所示。
>
> ③ WPS 文字中要强调作者或审阅者为文稿添加备注和解释，可以通过"插入批注"按钮添加批注，如图 3-65 所示。

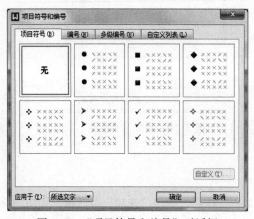

图 3-63 "项目符号和编号"对话框

图 3-64 "修订"选项卡

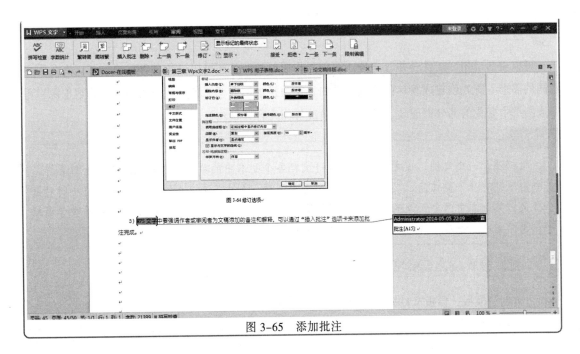

图 3-65　添加批注

项目五　邮件合并

项目描述

　　学期结束时，班主任陈老师遇到了一个难题：学校要求根据已有的文件"各科成绩表.et"给每位同学制作一份"成绩单"并发送给各自的家长，让家长及时了解孩子在学校的学习情况，样文如图 3-66 所示。成绩单中主要内容基本都是相同的，只是具体数据有变化而已，应该如何解决？

数计系 13 应用数学专业

2013-2014 学年第 1 学期期末考试　各科成绩表

学号：20130101　　　　　　　　姓名：张小英

科目	成绩	班级平均分
思想修养	90	
大学英语（一）	90	
高等数学	95	
计算机基础	92	
平均分	91.75	
获奖情况	一等奖奖学金	

图 3-66　成绩单

 **解决方案**

可以灵活运用"邮件合并"功能，不仅操作简单，而且还可以设置各种格式，可以满足许多不同的需求。首先创建成绩单中不变化的内容作为模板，选择"各科成绩表.et"作为数据源，再将成绩单中变化的部分即成绩、学生获奖情况等作为合并域。

> **◎说明**
>
> 数据源是一个文件，该文件包含了合并文档各个副本中的数据。把数据源看作一维表格，其中每一列对应一类信息，在邮件合并中称为合并域，如成绩表中的学号；其中的每一行对应合并文档某副本中需要修改的信息，如成绩表中某学生的姓名、思想修养成绩、高等数学成绩等信息。完成合并后，该信息被映射到主文档对应的域名处。

 项目涉及的主要知识点

（1）创建模板：模板文件就是即将输出的界面模板。

（2）指定数据源：数据源可以是 WPS 表格、Excel 工作表、Access 文件，也可以是 MS SQL Server 数据库。

项目实现过程

1．创建模板

启动 WPS 文字，创建一个新文档，内容如图 3-67 所示，没有具体数据的"成绩单"（模板），将其作为主文档，并保存文件名为"成绩单.WPS"。设计好的成绩单（模板）必须处于打开状态，不能关闭。

2．指定数据源

要求：打开数据源文件"各科成绩表.et"，作为邮件合并的后台数据库。

（1）单击"引用"→"邮件"按钮，此时会出现"邮件合并"选项卡。

（2）单击"邮件合并"→"打开数据源"按钮，弹出"选取数据源"对话框，浏览查找并打开数据源文件"各科成绩表.et"，同时出现"选择表格"对话框，如图 3-68 所示，在对话框中选择第一项"Sheet1$"，单击"确定"按钮，此时数据源被打开。

数计系 13 应用数学专业

2013-2014 学年第 1 学期期末考试 各科成绩表

学号：　　　　　　姓名：

科目	成绩	班级平均分
思想修养		
大学英语（一）		
高等数学		
计算机基础		
平均分		
获奖情况		

图 3-67　成绩单模板

图 3-68　"选择表格"对话框

3．插入合并域

（1）将插入点定位在"成绩单.WPS"文档的"学号："后面，单击"邮件"→"插入合并域"按钮，弹出"插入域"对话框，如图 3-69 所示。

（2）在"域"列表框中选择"学号"项，单击"插入"按钮，此时在"成绩单"的"学号："后面就会插入域"《学号》"。

（3）用同样的方法在成绩单的对应位置插入其他的域。所有域插入完成后，成绩单如图 3-70 所示。

图 3-69　"插入域"对话框

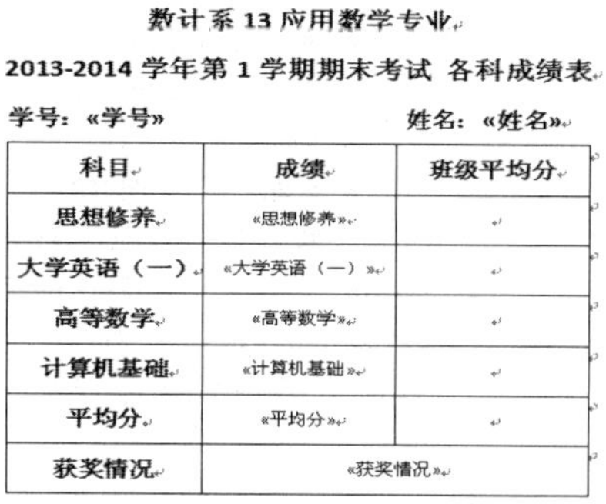

图 3-70　插入所有域后的成绩单

4．合并文档

（1）在"成绩单"中插入数据域后，"成绩单"与后台的数据库已经连接在一起了。单击"查看合并数据"按钮可以显示第一条记录中的具体数据，单击"上一记录"或"下一记录"按钮，可以查看其他记录的数据。

（2）单击"合并到新文档"按钮，弹出"合并到新文档"对话框，如图 3-71 所示。

（3）在对话框中选择"全部"单选按钮，单击"确定"按钮，WPS 文字开始合并数据，并自动产生一个包括全部记录在内的新文档。

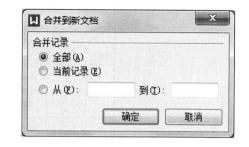

图 3-71　"合并到新文档"对话框

> ⊙ 说明
>
> 由于"班级平均分"不是域，所以不能采用插入域的方法来获得数据，采用直接输入数据的方法即可。

课 后 练 习

1. 制作一份培训公告，样文效果如图 3-72 所示。要求：

（1）标题：字体格式"宋体，小初，加粗，双下画线"，文字前后添加项目符号。

（2）正文：首字下沉两行，添加项目符号等。

（3）设置页面边框。

培训公告

第 24—25 期福建省高等学校青年教师岗前培训班报名工作已开始，凡没有取得高校教育理论培训合格证书者，均要参加培训。即日起至 5 月 23 日可到人事处二报名，具体相关事宜请查阅人事处网站工作动态。

◆ **时间**：

  ■ 第 24 期 2012 年 7 月 6 日至 7 月 20 日   (报到时间：7 月 6 日)；

  ■ 第 25 期 2012 年 8 月 9 日至 8 月 23 日 (报到时间：8 月 9 日)。

◆ **地点**：福建省高校师资培训中心（福州、厦门教学点）。

◆ **参加人员**：1994 年 1 月 1 日以后留校或分配到高等学校从事教育教学工作的教师。

◆ **培训内容**：《高等教育学》、《高等教育心理学》、《高等教育法规概论》和《高等学校教师职业道德修养》。

◆ **联系办法**：中心地址：福州市仓山区对湖路 75 号，福建省高校师资培训中心办公室（从火车站乘 20 路公共汽车对湖站下车向前 100 米）。

  联系人：陈 旸、关碧琪。**联系电话**：（0591）83440494、83165959

  传真：（0591）83440494 **邮编**：350007

  中心网址：http://gpzx.fjnu.edu.cn/，**E-mail**：gszx@fjnu.edu.cn

图 3-72   习题 1 最终效果

2. 绘制课程表，样表效果如图 3-73 所示。

时间 星期		一	二	三	四	五
上午	1	修养	体育	高数	英语	高数
	2					
	3	高数	英语	CAD	通通话	CAD
	4					
下午	5	听力	计算机	实习	班会	英语写作
	6					
	7	计算机上机				
	8					

图 3-73   习题 2 最终效果

3. 打开素材文档 Wd1.wps，完成图 3-74 所示的样文效果。

武夷岩茶产于福建省北部的武夷山地区，是中国乌龙茶中之极品。中国十大名茶之一。

武夷山多悬崖绝壁，茶农利用岩凹、石隙、石缝，沿边砌筑石岸种茶，有"盆栽式"茶园之称。因为有"岩岩有茶，非岩不茶"之说，岩茶因而得名。武夷岩茶主要分为两个产区：名岩产区和丹岩产区。

武夷山坐落在福建省东北部，有"奇秀甲于东南"之誉。群峰相连，峡谷纵横，九曲溪萦回其间，气候温和，冬暖夏凉，雨量充沛。武夷不独以山水之奇而奇，更以茶产之奇而奇。

悬崖绝壁，深坑巨谷。茶农利用岩凹、石隙、石缝，沿边砌筑石岸，构筑"盆栽式"茶园。"岩岩有茶，非岩不茶；岩茶因而得名。

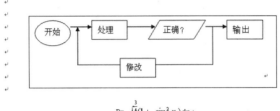

$$P = \int_{\frac{1}{4}}^{3} (1 + \sin^2 x)\,dx$$

图 3-74　习题 3 最终效果

4. 打开素材文件"新生录取通知书.wps"，完成如下操作：

利用当前文档为主文档，以素材文件"录取名单.et"的 Sheet1 工作表为数据源进行邮件合并，将合并后的结果另存为"录取通知书邮寄.wps"。（要求同一张纸内打印两份通知书）

5. 打开素材文档 Wd2.wps，完成如下操作，最终效果如图 3-75 所示：

（1）将标题"日本排 1.15 万吨核废液入大海"设置为艺术字，样式选 1 行 4 列，字号 28、波形 2，版式为"四周型"、居中、艺术字的填充色为黄色（自定义 RGB（255，255，0））。

（2）将正文的所有段落的首行缩进 2 个字符，设置行距为固定值 20 磅，段前、段后均为 0.3 行，字体为"仿宋"、小四号。

（3）将正文（除标题外）中的所有"日本"替换成空心、红色（自定义 RGB（255，0，0））的"日本（Japan）"；

（4）在正文第 1 段第一行的"排放核废液"处插入批注"日本擅自排放核污水入海违反国际法！"；

（5）在文章尾插入分页符；

（6）在第 2 页插入一个 6 行 4 列的表格，每行高 0.9 厘米，每列宽 2.5 厘米，第 1 列的 1、2 行单元格合并为一个单元格，使整个表格水平居中，表格中的所有数据水平、垂直居中；

（7）设置奇页的页眉内容为"日本核危机"，偶页的页眉内容为"受危害统计表"；

（8）完成后直接保存，并关闭 WPS 文字。

6. 打开素材文档 Wd3.wps，完成如下操作，最终效果如图 3-76 所示：

（1）修改标题 1 的样式为：黑体、小二号、居中、加蓝色（自定义 RGB（0，0，255））双波浪形下画线，并作用于标题。

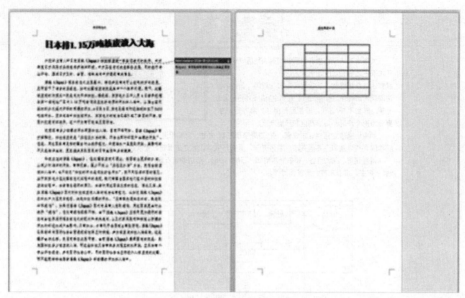

图 3-75　习题 5 最终效果

（2）将除标题外的所有段落设置为：行距为固定值 18 磅，段前、段后均为 0.5 行，字体为"楷体"、小四号，字间距加宽到 1.5 磅。

（3）在第 4 段至第 12 段（"完整的 64 位……很少受病毒攻击"）添加项目编号"1.、2.……"。

（4）在最后一段的文本"Mac OS X v10.7"处插入批注"Mac OS X v10.7 最快在 2011 年 4 月份推出。"。

（5）在文档末尾插入图片"Mac os.JPG"，版式为"四周型"、居中、尺寸大小为原来的 120%。

（6）在文本最后一段（"Mac OS X v10.7……功能应用"）段首处插入"下一页"分节符。

（7）设置第 1 节的页眉内容为"大学计算机应用基础"并水平居中，第 2 节的页眉内容为"第二章　操作系统"并水平居中。

（8）完成后直接保存，并关闭 WPS 文字。

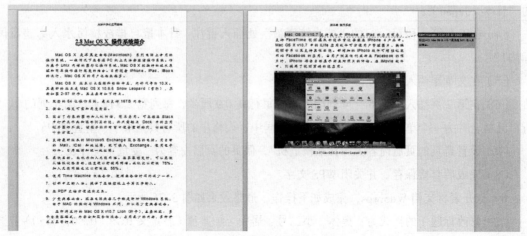

图 3-76　习题 6 最终效果

7. 打开素材文档 Wd4.wps，完成如下操作，最终效果如图 3-77 所示：

（1）设置页面纸张类型为：高 27 cm，宽 19 cm；上、下、左、右边距均为 3 cm，页面背景设置为"浅绿"。

（2）将所有段落行距设置为固定 18 磅、首行缩进 2 个字符，字间距加宽至 1.3 磅。

（3）将"标题 1"的样式修改为：仿宋、小一号、居中，段后 18 磅，并应用于标题（即第一段）。

（4）将最后一段中的各英文设置为"词首字母大小"。

（5）将正文（除标题）中所有"利比亚"替换成红色的"利比亚（Libya）"。

（6）设置第 1 页的页眉内容为"利比亚战争"，第 2 页的页眉内容为"Libya Abstuct"。

（7）在第二页第 1 段（"2011 年 3 月 21 日……方向推进"）的右边插入"KXLBY.JPG"图片，版式为"四周型"、右对齐，图片大小为原来的 30%。

（8）完成后保存文件，关闭并退出 WPS 文字。

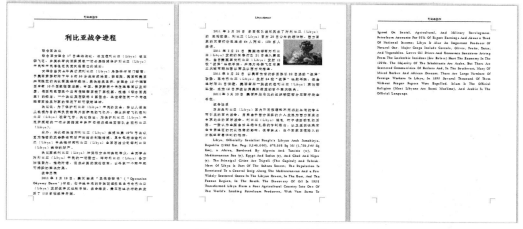

图 3-77　习题 7 最终效果

模块四 │ WPS 电子表格

WPS Office 2013 中的电子表格模块，简称 WPS 表格，它是 WPS Office 2013 的主要组件之一。WPS 表格可以进行数据管理、统计、分析与预测，可以进行各种表格和图的设计。因此，WPS 表格在财务、金融、统计等领域广泛应用，是日常生活及办公中极其重要的工具。

WPS 表格与 Microsoft Office Excel 兼容，在 Excel 中也能够查看 WPS 表格内容。WPS 表格与 Microsoft Office Excel 很多操作具有共通性，还提供了比 Excel 更丰富的表格模板。打开 WPS 表格，可以看到 WPS 表格的初始界面存在大量的表格模板文件供用户使用（单击下载即可直接调用），省时省力。WPS 表格初始界面提供的众多精美模板突显示了 WPS Office 中文办公系统的特色，如图 4-1 所示。

图 4-1　WPS 表格初始界面

目标要求

- 能够进行 WPS 表格格式设置。
- 能够使用 WPS 表格公式、函数进行数据计算。
- 能够使用 WPS 表格的排序、筛选、分类汇总等功能对进行数据分析。

- 能够使用 WPS 表格完成图表的设计。
- 能够使用 WPS 表格数据保护功能进行数据保护。

项目设置

- 应聘情况表的制作。
- 应聘情况表的统计分析。
- 玩具店销售数据分析。

项目一 应聘情况表的制作

 **项目描述**

公司近日招聘新员工，小江在公司的人事部门工作，部门主管要求收集应聘人员的基本信息，并制作成 WPS 表格，便于以后统计分析。小江根据部门主管的要求，开始收集信息并着手制作应聘情况表。数据表效果如图 4-2 所示。

	A	B	C	D	E	F	G	H	I
1						应聘情况表			
2	编号	姓名	性别	出生年月	学历	专业	英语等级	计算机等级	目标月薪
3	001	杨果	女	05-09-84	硕士	化学	6	1	6500
4	002	吴华	男	10-20-86	本科	计算机	4	4	4000
5	003	张艳	女	03-11-84	硕士	数学	6	2	5500
6	004	黄一琳	女	06-12-89	专科	英语	6	0	2500
7	005	李强	男	01-06-86	硕士	中文	4	2	5000
8	006	王杨杨	男	07-04-87	本科	计算机	0	3	3000
9	007	周琴琴	女	05-15-88	本科	英语	8	0	4000
10	008	白兴明	男	03-21-85	硕士	物理	4	1	6500
11	009	郑小敏	女	02-17-88	本科	计算机	0	3	3000
12	010	林妙	女	11-28-84	本科	物理	4	2	3200
13	011	刘婷	女	08-29-87	专科	中文	0	1	2500
14	012	陈贤	男	12-20-89	专科	物理	0	2	2500
15	013	方勇杰	男	01-24-83	硕士	化学	4	1	6500
16	014	赵军	男	09-22-84	本科	计算机	4	3	3500
17	015	唐月月	女	10-03-85	专科	中文	4	1	2700
18									

图 4-2 数据表效果

 **解决方案**

WPS 表格的简单制作一般是根据要求输入相应的数据，然后对已输入数据的部分进行格式设置，以达到简洁直观的效果。

项目分解

在制作过程中，将项目分解为以下两个任务，逐一解决：

- 应聘情况表的创建、格式化。
- 应聘情况表的保护、页面设置和打印。

任务一 应聘情况表的创建、格式化

任务涉及的主要知识点

1. WPS 表格工作界面

WPS 表格工作界面如图 4-3 所示。

图 4-3 WPS 表格工作界面

2. 工作簿、工作表及单元格的概念与基本操作

（1）工作簿：WPS 表格文件又称工作簿，用来计算和存储数据。工作簿的扩展名为.et，一个工作簿可以包含多张工作表，默认情况下存在 3 张工作表，分别以 sheet1、sheet2、sheet3 命名，其中工作表名称呈反白显示的为当前活动工作表 Sheet1　Sheet2　Sheet3 。

（2）工作表：WPS 表格中的工作表是由行和列构成的，列标用大写英文字母 A、B、C……表示，行号用阿拉伯数字 1、2、3……表示。

（3）单元格：是 WPS 表格中存储数据的最小单位，列标与行号组成了单元格的名称，如图 4-3 中的选中的单元格 A 名称为 A1。

3. 各种类型数据的输入

1）数据输入

在 WPS 表格中输入数据前必须先选择单元格，然后再输入数据，输入完毕时按【Enter】键结束。

（1）输入数值型数据：数值型数据由 0～9、+、-、( )、/、$、%等构成。

（2）输入文本型数据：文本型数据可以是汉字、字母、数字字符、空格及各种符号，是作为字符串处理的数据。值得注意的是输入纯数字文本（如学号、电话号码等）时，必须在输入的数字前加上英文的单引号"'"。例如要输入学号 0100 时，应在对应单元格中输入"'0100"。

（3）输入日期和时间：输入日期时，使用"/"或"–"号分隔，如"13/12/31"或"13–12–31"。输入时间是使用"："分隔，如"9:45""9:45 PM"。

> **○说明**
>
> WPS 表格中的日期和时间按数字处理，可以进行各种运算；单元格中的时间数据后面加空格后再输入 AM 或 PM，表示按 12 小时制处理，否则按 24 小时制处理；同时输入日期和时间时，应在日期和时间中用空格隔开。

2）自动填充

为了能够快递实现部分数据的输入，WPS 表格提供了自动填充的功能。用户可以通过拖动填充柄（即光标移动至选中单元格右下角的小正方形 ▭）快速地进行数据输入。

（1）数值型数据的填充：选中一个单元格 ▭ 后直接拖动填充柄，生成等差数列，步长为1；选中两个单元格 ▭ 后，再拖动填充柄，生成等差数列，步长为这两项之差。

（2）文本型数据的填充：选中不含数字的文本单元格后直接拖动填充柄，填充的数据不变，相当于复制；选中含数字的文本单元格后直接拖动填充柄，填充的数据中数字部分按 1 递增，文字部分不变。

（3）序列填充：选择"开始"→"行和列"→"填充"→"序列"按钮，弹出图 4-4 所示的对话框，进行序列填充设置即可。

（4）自定义序列填充：单击"WPS 表格"下拉按钮，再单击"工具"→"选项"按钮，弹出图 4-5 所示的对话框，选择"自定义序列"选项卡，进行自定义序列的设置即可。

图 4-4　"序列"对话框　　　　　　　　　　图 4-5　"选项"对话框

3）数据有效性

数据有效性是对单元格或单元格区域输入的内容从数据类型及数据值上的验证，防止误输入。对于符合条件的数据，允许输入；对于不符合条件的数据，则禁止输入，从而防止非法数据的输入。

设置数据有效性，必须在输入数据前单击"数据"→"有效性"按钮，弹出"数据有效性"对话框，3 个选项卡如图 4-6～图 4-8 所示，进行数据有效性设置即可。

图 4-6　"设置"选项卡　　　　图 4-7　"输入信息"选项卡　　　　图 4-8　"出错警告"选项卡

4．工作表的编辑与格式化

（1）工作表的编辑主要有：工作表的插入、删除、重命名、复制和移动等。右击选中的工作表名，弹出图 4-9 所示的快捷菜单，分别选择"插入""删除工作表""重命名""移动或复制工作表"等命令，选择"移动或复制工作表"命令后将弹出图 4-10 所示的对话框。

图 4-9　快捷菜单　　　　　　　图 4-10　"移动或复制工作表"对话框

（2）工作表的格式化。

① 设置单元格格式。首先选择单元格，然后单击"开始"→"格式"→"单元格"按钮；或者右击选择的单元格，选择"设置单元格格式"命令，两种操作均弹出"单元格格式"对话框，在此对话框的 5 个选项卡中分别进行单元格格式设置，如图 4-11～图 4-16 所示。

图 4-11　"数字"选项卡　　　　　　　图 4-12　"对齐"选项卡

图 4-13　"字体"选项卡

图 4-14　"边框"选项卡

图 4-15　"图案"选项卡

图 4-16　"保护"选项卡

② 行和列的编辑。

插入行或列：首先选择对应行、列或单元格，然后单击"开始"→"行和列"→"插入单元格"→"插入列"按钮；或者右击选择的行或列，选择"插入"命令。

删除行或列：首先选择对应行或列，然后单击"开始"→"行和列"→"删除单元格"→"删除列"按钮；或者右击选择的行或列，选择"删除"命令。

调整行高和列宽：首先选择对应行或列，然后单击"开始"→"行和列"按钮，在图 4-17 所示中的命令中进行选择即可。

图 4-17　"行和列"下拉列表

任务实现过程

1. 创建并保存工作簿

要求：新建 WPS 工作簿，以"应聘情况表.et"为文件名保存在 D 盘个人文件夹（要求自定义文件夹，文件夹命名"学号+姓名"）下。

（1）启动 WPS 表格 2013。

（2）单击"WPS 表格"→"保存"按钮或单击工具栏上的"保存"按钮 ■，弹出"另存为"对话框，如图 4-18 所示。选择存储路径后，输入文件名，单击"保存"按钮即可。

图 4-18　"另存为"对话框

2．数据输入

要求：在"应聘情况表.et"的 Sheet1 工作表中输入图 4-19 所示的数据，并将 Sheet1 工作表重命名为"应聘信息"。

	A	B	C	D	E	F	G	H	I
1	编号	姓名	性别	出生年月	学历	专业	英语等级	计算机等级	目标月薪
2	001	杨果	女	1984-5-9	硕士	化学	6	1	6500
3	002	吴华	男	1986-10-20	本科	计算机	4	4	4000
4	003	张艳	女	1984-3-11	硕士	数学	6	2	5500
5	004	黄一琳	女	1989-6-12	专科	英语	6	0	2500
6	005	李强	男	1986-1-6	硕士	中文	4	2	5000
7	006	王杨杨	男	1987-7-4	本科	计算机	0	3	3000
8	007	周琴琴	女	1988-5-15	本科	英语	8	0	4000
9	008	白兴明	男	1985-3-21	硕士	物理	4	1	6500
10	009	郑小敏	女	1988-2-17	本科	计算机	0	3	3000
11	010	林妙	女	1984-11-28	本科	物理	4	2	3200
12	011	刘婷	女	1987-8-29	专科	中文	0	1	2500
13	012	陈贤	男	1989-12-20	专科	物理	0	2	2500
14	013	方勇杰	男	1983-1-24	硕士	化学	4	1	6500
15	014	赵军	男	1984-9-22	本科	计算机	4	3	3500
16	015	唐月月	女	1985-10-3	专科	中文	4	1	2700
17									

图 4-19　"应聘信息"工作表

（1）在 WPS 表格中，单元格存放的数据类型包括：数值型、文本型等。各种数据的输入在上述主要知识点中已介绍。

（2）在输入"编号"列时可采用"自动填充"功能，而不需要完全手动输入。在 A2 单元格输入"'001"后，选中 A2 单元格，将鼠标移到 A2 单元格右下角的绿色小方块上，当光标转化为黑色十字形时，按下鼠标左键不放并拖动填充柄至 A16 单元格时释放鼠标，则"编号"列内容填充完毕。

（3）内容输入完毕后，双击工作表 Sheet1 名称，将工作表 Sheet1 重命名为"应聘信息"。

3. 表格格式化

要求：①在最后一张工作表的后面，建立"应聘信息"工作表的副本，并将副本工作表重命名为"信息备份"。②在"应聘信息"工作表的第一行前插入一个空行，合并 A1:I1 单元格并居中，输入"应聘情况表"。字体为隶书、20 号，浅蓝。行高 21 磅。③将出生年月列格式更改"mm-dd-yy"的格式。④将各列的宽度调整至最适合列宽。⑤将 A2:I2 单元格设置水平、垂直居中，底纹背景色为浅青绿，行高 21 磅。⑥将 A2:I17 设置边框：上下外框线为双实线，左右外框线为最粗实线，内框线为最细实线。最终效果如图 4-20 所示。

	A	B	C	D	E	F	G	H	I
1				应聘信息表					
2	编号	姓名	性别	出生年月	学历	专业	英语等级	计算机等级	目标月薪
3	001	杨果	女	05-09-84	硕士	化学	6	1	6500
4	002	吴华	男	10-20-86	本科	计算机	4	4	4000
5	003	张艳	女	03-11-84	硕士	数学	6	2	5500
6	004	黄一琳	女	06-12-89	专科	英语	6	0	2500
7	005	李强	男	01-06-86	硕士	中文	4	2	5000
8	006	王杨杨	男	07-04-87	本科	计算机	0	3	3000
9	007	周琴琴	女	05-15-88	本科	英语	8	0	4000
10	008	白兴明	男	03-21-85	硕士	物理	4	1	6500
11	009	郑小敏	女	02-17-88	本科	计算机	0	3	3000
12	010	林妙	女	11-28-84	本科	物理	4	2	3200
13	011	刘婷	女	08-29-87	专科	中文	0	1	2500
14	012	陈贤	男	12-20-89	专科	物理	0	2	2500
15	013	方勇杰	男	01-24-83	硕士	化学	4	1	6500
16	014	赵军	男	09-22-84	本科	计算机	4	3	3500
17	015	唐月月	女	10-03-85	专科	中文	4	1	2700

应聘信息　Sheet2　Sheet3　信息备份　… +

图 4-20　"应聘信息"工作表格式效果

（1）选中"应聘信息"工作表并右击，在弹出的快捷菜单中选择"移动或复制工作表"命令，在弹出的对话框中按要求进行设置，如图 4-21 所示，单击"确定"按钮后，复制工作表，然后将生成的工作表重命名为"信息备份"。

（2）选中"应聘信息"工作表的第一行并右击，选择"插入"→"整行"命令；或选择第一行任意单元格后，然后单击"开始"→"行和列"→"插入单元格"→"插入列"按钮。选择 A1:I1 单元格，然后单击"开始"→"合并居中"按钮，最后在该单元格输入要求的内容，并按要求设置字体格式。最后，再次单击"开始"→"行和列"→"行高"按钮，在弹出的对话框中输入相应的行高值。

（3）先选择 D3:D17 单元格，然后单击"开始"→"格式"→"单元格"按钮，弹出"单元格格式"对话框，设置日期格式，效果如图 4-20 中第 D 列所示。

（4）选中要调整的列，将鼠标移至任意两列中间，当光标变成双向箭头时，双击将各列的宽度调整至最适合列宽。

（5）选择 A2:I2 单元格，然后单击"开始"→"格式"→"单元格"按钮，在弹出"单元格格式"对话框中选择"对齐"选项卡，进行相应设置，如图 4-22 所示。然后再设置行高，步骤与上述相同，不再重复。最后，单击"开始"→"填充颜色"按钮进行底纹设置。

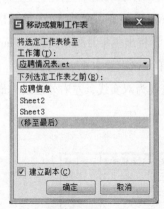

图 4-21 "移动或复制工作表"对话框

图 4-22 "对齐"选项卡

（6）选择 A2:I17 单元格，单击"开始"→"格式"→"单元格"按钮，弹出"单元格格式"对话框，选择"边框"选项卡（见图 4-14），进行相应设置。

任务二　应聘情况表的保护、页面设置和打印

任务涉及的主要知识点

1. 工作簿和工作表的保护

（1）方法一：单击"审阅"→"保护工作簿"按钮，弹出"保护工作簿"对话框，输入密码，如图 4-23 所示。单击"审阅"→"保护工作表"按钮，可对工作的保护进行设置。

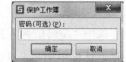

图 4-23 "保护工作簿"对话框

（2）方法二：单击"WPS 表格"下拉按钮，单击"工具"→"选项"按钮，弹出"选项"对话框，选择"安全性"选项卡，进行设置，如图 4-24 所示。

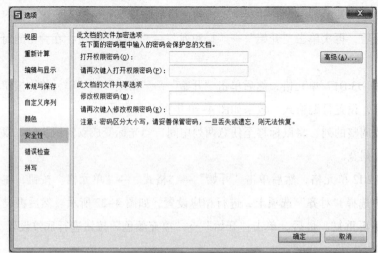

图 4-24 "安全性"选项卡

（3）方法三：单击"WPS 表格"→"另存为"按钮，在弹出的对话框中单击"加密"按钮，弹出图 4-25 所示的对话框，与图 4-24 所示的"安全性"选项卡一致。

图 4-25　"选项"对话框

○思考

上述保护方式是否相同？如果不同，区别在哪？

2. 工作表页面设置

选择"应聘信息"工作表，切换到"页面布局"选项卡，单击 7 个按钮可进行相应设置。或者单击"页面设置"组中的 按钮，在弹出的"页面设置"对话框中，分别在"页面""页边距""页眉/页脚"和"工作表"选项卡中进行设置，如图 4-26～图 4-29 所示。

图 4-26　"页面"选项卡

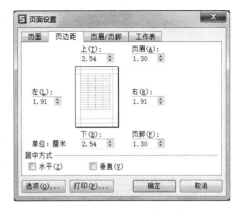

图 4-27　"页边距"选项卡

图 4-28 "页眉/页脚"选项卡

图 4-29 "工作表"选项卡

 任务实现过程

1. 工作簿和工作表的保护

要求：为了让应聘相关情况不被随意读取，对"应聘情况表.et"设置密码"abc123"。

单击"审阅"→"保护工作簿"按钮，在弹出"保护工作簿"对话框中输入密码"abc123"。

2. 工作表的页面设置和打印

要求：将工作表"应聘信息"页面设置为"纵向"、上下页边距为2、居中页眉为"2012应聘情况"后打印。

（1）选择"应聘信息"工作表，单击"页面布局"→"页面设置"中的 按钮，在弹出的"页面设置"对话框中，分别在"页面"（见图4-26）、"页边距""页眉/页脚"选项卡中"自定义页眉"进行设置，如图4-30和图4-31所示。

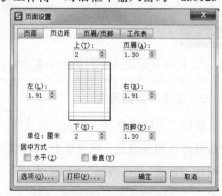
图 4-30 页边距设置

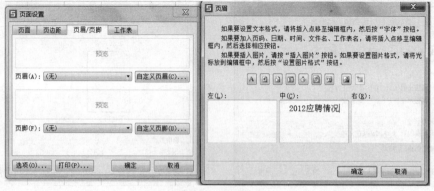
图 4-31 页眉设置

（2）在对话框中预览无误后，单击"打印"按钮打印即可。

项目二　应聘情况表的统计分析

 **项目描述**

公司要求在已收集的应聘情况信息基础上，根据应聘人员的英语等级和计算机等级情况进行初次筛选录用，然后再根据笔试成绩、面试成绩和相关情况对初次录用的人员进行二次筛选，最后录用总分前五名的人员。

同时，为了下次招聘的需要，公司希望对目前应聘人员的目标月薪按学历、英语等级、计算机等级等不同要求进行统计分析。

解决方案

利用 MAX、MIN、COUNTIF 等函数对应聘人员的过级情况、目标月薪等进行分析，利用 IF 函数对应聘人员进行初次筛选。然后使用公式对初次录用人员进行评分，最后用 RANK 函数对总分进行排名，找到前五名的人员作为最终录用人员。

对目前应聘人员的目标月薪按不同要求进行统计分析，主要是通过数据筛选、分类汇总和数据透视表的方式进行。

 项目分解

在制作过程中，将项目分解为以下 3 个任务，逐一解决：
- 利用公式和函数确定录用人员。
- 目标月薪的统计分析。
- 各学历目标月薪的图表化。

任务一　利用公式和函数确定录用人员

任务涉及的主要知识点

1. 公式

公式是对单元格的数据进行计算的等式，输入公式与输入一般数据不同。

输入公式时，首先选择存放计算结果的单元格，然后单击编辑栏，在编辑栏中先输入等号"="后输入公式内容，最后单击编辑栏中的 ✓ 按钮或按【Enter】键确认输入的内容。

2. 函数

1）函数的概念

WPS 表格函数是一种预先定义的处理数据任务的内置公式，它是通过引用参数接收数据，并返回结果。

以常用的求平均值函数 AVERAGE 为例，它的语法是"AVERAGE(数值 1，数值 2,......)"。其中"AVERAGE"称为函数名，"数值 1""数值 2"称为参数，其功能为求"数值 1""数值 2"……

各参数的平均值。

一个函数只有唯一的一个名称，它决定了函数的功能和用途。

2）调用函数的方法

方法一：首先选择存放计算结果的单元格，单击"公式"→"插入函数"按钮，或者单击编辑栏上的 *fx* 按钮，弹出"插入函数"对话框的"全部函数"选项卡，如图 4-32 所示，然后在"选择函数"列表框或者"或选择类别"下拉列表框找到相应函数，单击"确定"按钮，最后在弹出的"函数参数"对话框中进行相应设置。

WPS 表格操作中，还经常会遇到某些复杂的操作，这些操作可以借助函数或函数组合来完成，但对于多数人来说，这样的操作显得过于复杂。这种情况完全可以不必记忆那些复杂的函数组合，只需要利用"插入函数"对话框的"常用公式"选项卡（见图 4-33）就能完成。

图 4-32 "全部函数"选项卡

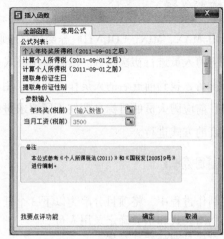

图 4-33 "常用公式"选项卡

方法二：如果需要套用某个现成公式，或者输入嵌套关系的公式，利用编辑栏输入更加快捷。方法与上述输入公式的方法一致，不再重复。

3. MAX、MIN、AVERAGE 等常用函数

MAX 函数：返回一组数值中的最大值。

MIN 函数：返回一组数值中的最小值。

AVERAGE 函数：返回一组数值的平均值。

4. IF 和 COUNTIF 函数

（1）IF 函数的功能：按条件对数据进行处理，条件满足则输出真值结果，不满足则输出假值结果。

使用格式：IF(logical_test, value_if_true, value_if_false)

可以写为：IF(测试条件,真值, 假值)

（2）COUNTIF 函数的功能：计算某区域中满足给定条件的单元格的个数。

使用格式：COUNTIF (range, criteria)

可以写为：COUNTIF (区域，条件)

range：需要计算其中满足条件的非空单元格数目的单元格区域。

criteria：确定哪些单元格将被计算在内的条件，其形式可以为数字、表达式或文本。

5．单元格的引用

在公式或函数的使用中，经常用填充柄复制公式或函数，这种操作的本质就是单元格地址引用，WPS 表格中有 3 种单元格地址的引用方式。

（1）相对引用（又称相对地址）：指公式或函数在复制、移动时，公式或函数中引用单元格的地址会自动调整。默认状态都是相对地址，如 A3、B1:D2 等。

（2）绝对引用（又称绝对地址）：指公式或函数在复制、移动时，公式或函数中引用单元格的地址会保持不变。绝对地址的写法是行号和列号前都加了"$"符号，如$A$3、$B$1;$D$2 等。

（3）混合引用（又称混合地址）：指公式或函数在复制、移动时，公式或函数中引用单元格的行或列会自动调整（也就是绝对列相对行和绝对行相对列两种形式）。混合地址的写法是只有行号或只有列号前加"$"符号，如$A3、A$3 等。

（4）跨工作表和跨工作簿引用

跨工作表单元格引用：=工作表名!单元格地址。

跨工作簿单元格引用：=[工作簿名]工作表名!单元格地址。

6．RANK 函数

RANK 函数的功能：返回某一数值在一列数值中的相对于其他数值的排位。

使用格式：RANK(number, ref, order)

可以写为：RANK(数值,引用,排位方式)

其中，number：需要排位的数字。ref：一组数或一组数据列表的引用，即在哪组数或哪个数据列表中进行排位，非数值型值将被忽略。order：如果为"0"或者忽略，则按降序排名，即数值越大，排名结果数值越小；如果为非"0"值，则按升序排名，即数值越大，排名结果数值越大。

7．AND 和 OR 函数

（1）AND 函数的功能：各参数进行与运算，返回逻辑值。如果所有参数的值均为"逻辑真（TRUE）"，则返回"逻辑真（TRUE）"，否则返回"逻辑假（FALSE）"。

使用格式：AND(logical1,logical2,…)

其中，logical1,logical2,…表示需要测试的表达式或条件值。

（2）OR 函数的功能：各参数进行或运算，返回逻辑值。所有参数中只要有一个逻辑值为"逻辑真（TRUE）"，则返回"逻辑真（TRUE）"。

使用格式：OR(logical1,logical2,…)

其中，logical1,logical2,…表示需要测试的表达式或条件值。

任务实现过程

1．MAX、MIN、AVERAGE 等常用函数

要求：在"应聘信息"工作表中统计最高、最低的英语等级和计算机等级，平均目标月薪。

（1）打开"应聘情况表.et"，在"应聘信息"工作表中 A18:A21 单元格中分别输入"最高""最低""平均""录用人数"等文字，在"目标月薪"后插入一列"是否录用"，如图 4-34 所示。

	A	B	C	D	E	F	G	H	I	J
1					**应聘信息表**					
2	编号	姓名	性别	出生年月	学历	专业	英语等级	计算机等级	目标月薪	是否录用
3	001	杨果	女	05-09-84	硕士	化学	6	1	6500	
4	002	吴华	男	10-20-86	本科	计算机	4	4	4000	
5	003	张艳	女	03-11-84	硕士	数学	6	2	5500	
6	004	黄一琳	女	06-12-89	专科	英语	6	0	2500	
7	005	李强	男	01-06-86	硕士	中文	4	2	5000	
8	006	王杨杨	男	07-04-87	本科	计算机	0	3	3000	
9	007	周琴琴	女	05-15-88	本科	英语	8	0	4000	
10	008	白兴明	男	03-21-85	硕士	物理	4	1	6500	
11	009	郑小敏	女	02-17-88	本科	计算机	0	3	3000	
12	010	林妙	女	11-28-84	本科	物理	4	2	3200	
13	011	刘婷	女	08-29-87	专科	中文	0	1	2500	
14	012	陈贤	男	12-20-89	专科	物理	0	2	2500	
15	013	方勇杰	男	01-24-83	硕士	化学	4	1	6500	
16	014	赵军	男	09-22-84	本科	计算机	4	3	3500	
17	015	唐月月	女	10-03-85	专科	中文	4	1	2700	
18	最高									
19	最低									
20	平均									
21	录用人数									

图 4-34　"应聘信息"表录入效果

（2）选中 G18 单元格，单击编辑栏上的 *fx* 按钮 ，在弹出的"插入函数"对话框中选择 MAX 函数，然后在弹出的"函数参数"对话框中选择单元格范围，单击"确定"按钮，向右拖动填充柄至 H18 单元格，复制函数。

或者选中 G18 单元格，输入"=MAX(G3:G17)"，单击编辑栏左侧的 ✓ 按钮，向右拖动填充柄至 H18 单元格，复制函数。

（3）选中 G19 单元格，输入"=MIN(G3:G17)"，单击编辑栏左侧的 ✓ 按钮，向右拖动填充柄至 H19 单元格，复制函数。

（4）选中 I20 单元格，输入"=AVERAGE(I3:I17)"，单击编辑栏左侧的 ✓ 按钮。

2．IF、COUNTIF 函数

要求：英语过 4 级且计算机过 1 级的应聘人员通过初次录用，并统计初次录用人数，如图 4-35 所示。

（1）选中 J3 单元格，输入"=IF(G3>=4,IF(H3>=1,"录用","不录用"),"不录用")"，单击编辑栏左侧的 ✓ 按钮，双击填充柄，复制函数。

或者选中 J3 单元格，输入"=IF(AND(G3>=4,H3>=1),"录用","不录用")"，单击编辑栏左侧的 ✓ 按钮，双击填充柄，复制函数。

（2）选中 J21 单元格，输入"=COUNTIF(J3:J17,"录用")"，单击编辑栏左侧的 ✓ 按钮。

> **⊙注意**
> ① IF 函数的嵌套使用。
> ② 公式和函数在输入时必须使用英文标点符号。

图 4-35　"应聘信息"表录入效果图

3. 单元格的引用

要求：对初次录用的人员进行二次评选，选出前五名作为最后录用人员。将初次录用的应聘人员编号、姓名、学历、专业、英语等级、计算机等级列复制到 Sheet2 表中，添加图 4-36 所示的各列及数据，各列设置最适合列宽，将 Sheet2 工作表重命名为"二次筛选"。计算各初次录用人员的附加分（百分制），附加分规则为：英语过四级加 1 分，过六级加 2 分；计算机过 1 级加0.5，过 2 级加 1 分，过 3 级加 1.5，过 4 级加 2 分，"附加分"列取两位小数。（得到的附加分必须转为百分制即在满分为 100 分的情况下附加分的得分）。

图 4-36　"二次筛选"表录入效果

（1）选中"应聘信息"工作表中录用人员的编号、姓名、学历、专业、英语等级、计算机等级列的数据进行复制，切换到 Sheet2 表，选中 A1 单元格后右击，在弹出的快捷菜单中选择"粘贴"命令。

（2）添加"笔试""面试""附加分""总成绩""名次"列和对应数据，如图 4-36 所示。

（3）选择 A 至 K 列，将鼠标移到 K 列和 L 列列标题中间，双击使其设置为最适合列宽。

（4）双击 Sheet2 工作表名将工作表重命名为"二次筛选"。

（5）在 I2 单元格中输入"=(IF(E2=6,2,1)+IF(F2=1,0.5,IF(F2=2,1,IF(F2=3,1.5,2))))/0.04"，单击编辑栏左侧的 ✓ 按钮，然后双击填充柄，复制公式。将 I2:I10 单元格的数据设置为小数点后保留两位数，操作不再重复。

4．RANK 函数

要求：计算各初次录用人员的总成绩（百分制），总成绩中笔试占 65%，面试占 31%，附加分占 4%，"总成绩"列取两位小数。使用 RANK 函数对初次录用人员的总成绩进行排名。

（1）选中的 J2 单元格，输入"=G2*0.65+H2*0.31+I2*0.04"，然后单击编辑栏左侧的 ✓ 按钮，最后双击填充柄，复制公式。将 J2:J10 单元格的数据设置为小数点后保留两位数，操作不再重复。

（2）选中的 K2 单元格，输入"=RANK(J2,$J$2:$J$10)"，然后单击编辑栏左侧的 ✓ 按钮，最后双击填充柄，复制函数。排名结果如图 4-37 所示。

	A	B	C	D	E	F	G	H	I	J	K
1	编号	姓名	学历	专业	英语等级	计算机等级	笔试	面试	附加分	总成绩	名次
2	001	杨果	硕士	化学	6	1	80	85	62.50	80.85	5
3	002	吴华	本科	计算机	4	4	82	80	75.00	81.10	4
4	003	张艳	硕士	数学	6	2	85	70	75.00	79.95	7
5	005	李强	硕士	中文	4	2	86	82	50.00	83.32	2
6	008	白兴明	硕士	物理	4	1	78	88	37.50	79.48	8
7	010	林妙	本科	物理	4	2	81	83	50.00	80.38	6
8	013	方勇杰	硕士	化学	4	1	87	78	37.50	82.23	3
9	014	赵军	本科	计算机	4	3	89	81	62.50	85.46	1
10	015	唐月月	专科	中文	4	1	80	82	37.50	78.92	9

图 4-37　排名结果

◎思考

还可采用什么方法确定最终录用人员？

任务二　目标月薪的统计分析

任务涉及的主要知识点

1．数据排序

数据排序是将数据清单中的记录按要求进行排列。

建立数据排序的步骤：选择要排序的数据单元格区域，单击"数据"→"排序"按钮，在弹出的"排序"对话框中进行设置，如图 4-38 所示。

2．数据筛选

数据筛选是将数据清单中满足条件的记录显示出来，不满足条件的记录隐藏。数据筛选分为自动筛选和高级筛选。

（1）自动筛选：对单个字段建立筛选，多个字段之间的筛选是条件并存的关系。

建立自动筛选的步骤：首先选择要进行自动筛选的数据单元格区域；然后单击"数据"→"自动筛选"按钮，此时在每个列标题右侧将出现一个下拉的筛选箭头 ▾；最后单击列标题右侧的筛选箭头 ▾，在弹出的对话框中进行设置，如图4-39所示。

图4-38 "排序"对话框　　　　　　图4-39 "自动筛选"对话框

（2）高级筛选：对复杂条件建立筛选。

建立高级筛选的步骤：首先选择要进行高级筛选的数据单元格区域；然后单击"数据"→"高级"按钮，在弹出的对话框中进行相应设置，如图4-40所示。其中"列表区域"为要进行高级筛选的数据单元格区域；"条件区域"为设置的筛选条件所在单元格区域，这部分内容通常要手动输入；"复制到"为筛选结果存放的单元格区域。

3．分类汇总

分类汇总是数据清单按照某一字段进行分类，将字段值相同的连续记录作为一类，进行求和、最大、最小、平均或计数等汇总运算，分为简单汇总和嵌套汇总。

图4-40 "高级筛选"对话框

（1）简单汇总：只对数据清单中的某一个字段进行一种方式的汇总。

建立简单汇总的步骤：首先选择要进行分类汇总的数据单元格区域，按照分类字段进行排序；然后单击"数据"→"分类汇总"按钮，在弹出的"分类汇总"对话框中分别对"分类字段""汇总方式""选定汇总项"等进行相应设置，如图4-41所示。如果要清除分类汇总的结果，可单击"全部删除"按钮。

（2）嵌套汇总：对数据清单中的一个字段进行多种方式的汇总。

建立嵌套汇总的步骤：首先选择要进行分类汇总的数据单元格区域；然后单击"数据"→"分类汇总"按钮，在弹出的"分类汇总"对话框中分别对"分类字段""汇总方式""选定汇总项"等进行相应设置，嵌套汇总特别注意的是一定不能选择"替换当前分类汇总"复选框，如图4-42所示。

● 注意

分类汇总前必须先按分类字段进行排序。

图 4-41　简单汇总

图 4-42　嵌套汇总

4．数据透视表

实现按多个字段进行分类并汇总。

建立数据透视表的步骤如下：

（1）首先选择要建立数据透视表的数据单元格区域；然后单击"数据"→"数据透视表"按钮，弹出的"创建数据透视表"对话框，如图 4-43 所示。

（2）选择"新工作表"后单击"确定"按钮，在新工作表中创建数据透视表，单击数据透视表区域内任意单元格，在右侧"数据透视表"窗格中的"字段列表""数据透视表区域"和"排序和显示" 3 个列表中进行相应设置，如图 4-44～图 4-46 所示。选择"现有工作表"

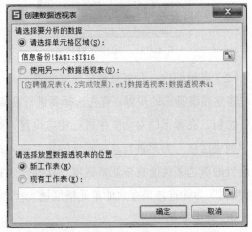

图 4-43　"创建数据透视表"对话框

除了创建位置在原工作表，其余操作均与上述相同，不再重复。

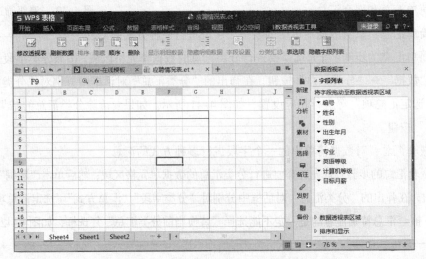

图 4-44　数据透视表设置图 1

图 4-45　数据透视表设置图 2

图 4-46　数据透视表设置图 3

任务实现过程

1. 数据筛选

要求：复制"信息备份"工作表生成两张新工作表，并将两张新工作表分别命名为"简单筛选"和"高级筛选"。在"简单筛选"工作表中筛选出学历为硕士的人员的目标月薪等基本信息。在"高级筛选"工作表中筛选出过英语 4 级以上（不包括 4 级）的硕士或至少过英语 4 级的本科生基本信息。

（1）复制"信息备份"工作表生成两张新工作表，并将两张新工作表分别命名为"简单筛选"和"高级筛选"，操作步骤不再重复。

（2）打开"简单筛选"工作表，单击数据清单中任意一个单元格，然后单击"数据"→"自动筛选"按钮，效果如图 4-47 所示。

	A	B	C	D	E	F	G	H	I
1	编号	姓名	性别	出生年月	学历	专业	英语等级	计算机等	目标月薪
2	001	杨果	女	1984-5-9	硕士	化学	6	1	6500
3	002	吴华	男	1986-10-20	本科	计算机	4	4	4000
4	003	张艳	女	1984-3-11	硕士	数学	6	2	5500
5	004	黄一琳	女	1989-6-12	专科	英语	6	0	2500
6	005	李强	男	1986-1-6	硕士	中文	4	2	5000
7	006	王杨杨	男	1987-7-4	本科	计算机	0	3	3000
8	007	周琴琴	女	1988-5-15	本科	英语	8	0	4000
9	008	白光明	男	1985-3-21	硕士	物理	4	1	6500
10	009	郑小敏	女	1988-2-17	本科	计算机	4	3	3000
11	010	林妙	女	1984-11-28	本科	物理	4	2	3200
12	011	刘婷	女	1987-8-29	专科	中文	0	1	2500
13	012	陈贤	男	1989-12-20	专科	物理	0	2	2500
14	013	方勇杰	男	1983-1-24	硕士	化学	4	1	6500
15	014	赵军	男	1984-9-22	本科	计算机	4	3	3500
16	015	唐月月	女	1985-10-3	专科	中文	4	1	2700

图 4-47　自动筛选设置

（3）单击"学历"字段右侧的 ▼，在弹出的下拉列表框中的设置如图 4-48 所示，单击"确定"按钮，结果如图 4-49 所示。

图 4-48 按"硕士"筛选

	A	B	C	D	E	F	G	H	I
1	编号	姓名	性别	出生年月	学历	专业	英语等级	计算机等	目标月薪
2	001	杨果	女	1985-5-9	硕士	化学	6	1	6500
4	003	张艳	女	1984-3-11	硕士	数学	6	2	5500
6	005	李强	男	1986-1-6	硕士	中文	4	2	5000
9	008	白兴明	男	1985-3-21	硕士	物理	4	1	6500
14	013	方勇杰	男	1983-1-24	硕士	化学	4	1	6500
17									
18									
19									
20									
21									
22									
23									
24									

图 4-49 自动筛选结果

（4）打开"高级筛选"工作表，选中 L9:M11 区域，输入图 4-50 所示的数据（条件区域必须和源数据区、目标数据区不重叠），单击"数据""高级"按钮，在弹出的"高级筛选"对话框中进行图 4-51 所示的设置，最后单击"确定"按钮，结果如图 4-52 所示。

图 4-51 "高级筛选"对话框

学历	英语等级
硕士	>4
本科	>=4

图 4-50 条件区域

	A	B	C	D	E	F	G	H	I	J	K	L	M
1	编号	姓名	性别	出生年月	学历	专业	英语等级	计算机等级	目标月薪				
2	001	杨果	女	1985-5-9	硕士	化学	6	1	6500				
3	002	吴华	男	1986-10-20	本科	计算机	4	4	4000				
4	003	张艳	女	1984-3-11	硕士	数学	6	2	5500				
5	004	黄一琳	女	1989-6-12	专科	英语	6	0	2500				
6	005	李强	男	1986-1-6	硕士	中文	4	2	5000				
7	006	王杨杨	男	1987-7-4	本科	计算机	0	3	3000				
8	007	周琴琴	女	1988-5-15	本科	英语	8	0	4000				
9	008	白兴明	男	1985-3-21	硕士	物理	4	1	6500			学历	英语等级
10	009	郑小敏	男	1988-2-17	本科	计算机	0	3	3000			硕士	>4
11	010	林妙	女	1984-11-28	本科	物理	4	2	3200			本科	>=4
12	011	刘婷	女	1987-8-29	专科	中文	0	1	2500				
13	012	陈贤	男	1989-12-20	专科	物理	4	1	2500				
14	013	方勇杰	男	1983-1-24	硕士	化学	4	1	6500				
15	014	赵军	男	1984-9-22	本科	计算机	4	3	3500				
16	015	唐月月	女	1985-10-3	专科	中文	4	1	2700				
17													
18	编号	姓名	性别	出生年月	学历	专业	英语等级	计算机等级	目标月薪				
19	001	杨果	女	1985-5-9	硕士	化学	6	1	6500				
20	002	吴华	男	1986-10-20	本科	计算机	4	4	4000				
21	003	张艳	女	1984-3-11	硕士	数学	6	2	5500				
22	007	周琴琴	女	1988-5-15	本科	英语	8	0	4000				
23	010	林妙	女	1984-11-28	本科	物理	4	2	3200				
24	014	赵军	男	1984-9-22	本科	计算机	4	3	3500				

图 4-52 高级筛选结果

2．分类汇总

要求：复制"信息备份"表生成新工作表"分类汇总"，在"分类汇总"工作表中统计各学历人员的平均目标月薪。在统计各学历人员的平均目标月薪的基础上，再统计应聘人员中各学历的人数。

（1）复制"信息备份"表生成新工作表，命名为"分类汇总"，步骤省略。

（2）打开"分类汇总"工作表，单击数据清单中任意一个单元格，单击"数据"→"排序"按钮，在弹出的"排序"对话框中设置"主要关键字"为"学历"。

（3）单击数据清单中任意一个单元格，单击"数据"→"分类汇总"按钮，在弹出的"分类汇总"对话框中进行图 4-53 所示的设置，最后单击"确定"按钮，结果如图 4-54 所示。

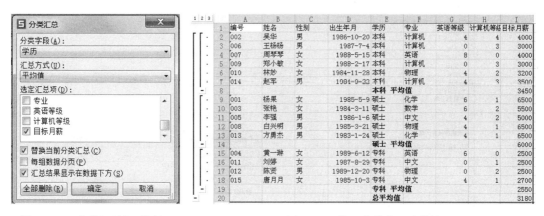

图 4-53　"分类汇总"对话框　　　　　　　图 4-54　第一次分类汇总结果

（4）再次单击数据清单中任意一个单元格，单击"数据"→"分类汇总"按钮，在弹出的"分类汇总"对话框中进行图 4-55 所示的设置，最后单击"确定"按钮，结果如图 4-56 所示。

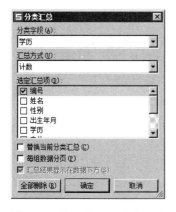

图 4-55　按"学历"嵌套汇总

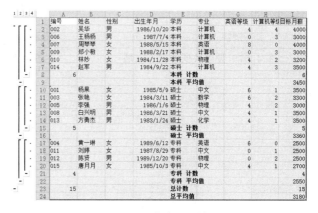

图 4-56　嵌套汇总结果

3．数据透视表

要求：利用"数据透视表"对"信息备份"工作表的数据进行数据统计，需显示各学历各专业应聘人员的平均目标月薪、最高目标月薪、最低目标月薪。生成的数据透视表单独放在新工作表中，并将工作表重命名为"数据透视表"。

（1）打开"信息备份"工作表，单击数据清单中任意一个单元格，单击"数据"→"数据透视表"按钮，弹出"创建数据透视表"对话框，最后单击"确定"按钮。

（2）将右侧窗格中的"学历"和"专业"字段添加至行区域，"目标月薪"字段 3 次添加至数值区域，数据在列区域显示，如图 4-57 所示。右击"求和项：目标月薪"，在下拉列表框中选择"字段设置"，然后在弹出的"数据透视表字段"对话框中进行图 4-58 所示的设置，单击"确定"按钮。

（3）目标月薪的最大值和最小值和步骤（2）的操作一样。

（4）生成的新工作表重命名为"数据透视表"，效果如图 4-59 所示。

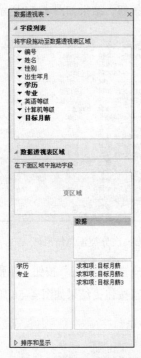

图 4-57　设置数据透视表区域

图 4-58　"数据透视表字段"对话框

	A	B	C	D	E
1					
2					
3			数据		
4	学历	专业	平均值项:目标月薪	最大值项:目标月薪	最小值项:目标月薪
5	本科	计算机	3375	4000	3000
6		物理	3200	3200	3200
7		英语	4000	4000	4000
8	本科 汇总		3450	4000	3000
9	硕士	化学	3500	3500	3500
10		数学	3300	3300	3300
11		物理	3000	3000	3000
12		中文	3500	3500	3500
13	硕士 汇总		6000	6500	5000
14	专科	物理	2500	2500	2500
15		英语	2500	2500	2500
16		中文	2600	2700	2500
17	专科 汇总		2550	2700	2500
18	总计		3180	4000	2500
19					

二次筛选　简单筛选　高级筛选　分类汇总　Sheet3　数据透视表　信息备份

图 4-59　数据透视表效果

任务三　各学历平均目标月薪的图表化

任务涉及的主要知识点

1. 图表的创建

包括图表类型、源数据区域、说明性文字和图表位置等。

（1）首先选择要创建图表的数据区域，然后单击"插入"→"图表"按钮。

（2）在弹出的"图表类型"对话框中选择需要的类型，单击需要的图表类型后，左侧下方会显示可选的配色方案，如图 4-60 所示，选择后单击"下一步"按钮。

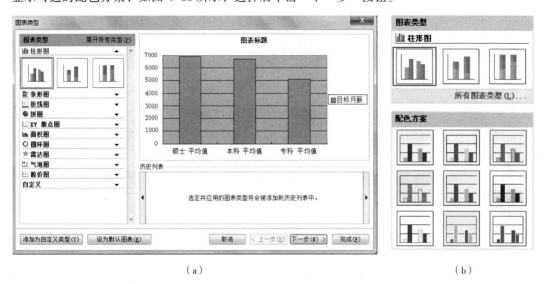

（a）　　　　　　　　　　　　　　　　　　　　（b）

图 4-60　图表设置

（3）弹出"源数据"对话框，有"数据区域"和"系列"两个选项卡，如图 4-61 和图 4-62 所示，进行相应设置后，单击"下一步"按钮。

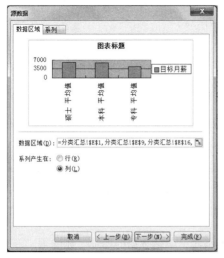

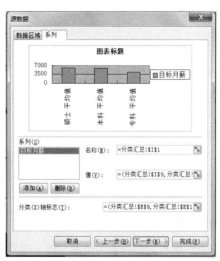

图 4-61　"数据区域"选项卡　　　　　　图 4-62　"系列"选项卡

（4）弹出"图表选项"对话框，有图 4-63～图 4-68 所示的 6 个选项卡，进行相应设置后，单击"完成"按钮即可生成需要的图表。

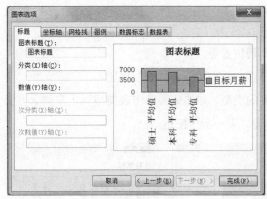

图 4-63　"标题"选项卡

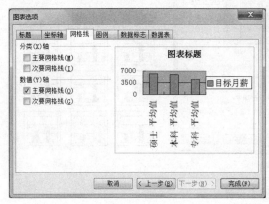

图 4-65　"网格线"选项卡

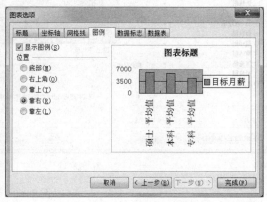

图 4-64　"坐标轴"选项卡

图 4-66　"图例"选项卡

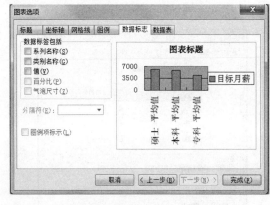

图 4-67　"数据标志"选项卡

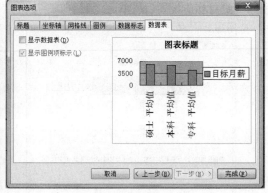

图 4-68　"数据表"选项卡

2．图表的编辑

图表的编辑是指图表类型及对图表中各个对象的编辑，包括数据的增加、删除等。

图表编辑的步骤：单击已生成的图表，切换至"图表工具"选项卡，单击图 4-69 和图 4-70

所示的各按钮进行图表的编辑与删除操作。

图 4-69　"图表工具"选项卡

图 4-70　"图表区"列表框

任务实现过程

1. 图表的创建

要求：在"分类汇总"工作表中，为各学历人员的平均月薪目标创建一个图 4-71 所示的饼图图表，图表名称为"各学历的平均目标月薪"，数据显示值，生成的图表放在 A28:I39 单元格内。

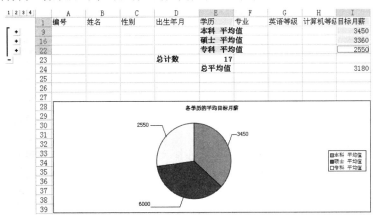

图 4-71　饼图效果图

（1）打开"分类汇总"工作表，选择 E1、E9、E16、E22 和 I1、I9、I16、I22 单元格，单击"插入"→"图表"按钮，在"图表类型"对话框中选择"饼图"下的"饼图"类型，单击"下一步"按钮。

（2）弹出"源数据"对话框，再次单击"下一步"按钮，在弹出的"图表选项"对话框的"标题"选项卡中，输入图表标题为"各学历要求的平均月薪"。切换至"数据标志"选项卡，选择"数据标签包括：值"复选框。

（3）拖动图表至 A28:I39 单元格区域。

2．图表的编辑

要求：图表边框设置成最粗单实线、颜色为"蓝-灰"色，图表标题设置为幼圆、字号 12，将饼图改为图 4-72 所示的效果，为图中本科部分加入标注，同时在图表右下角标明"人事部小江制作"。

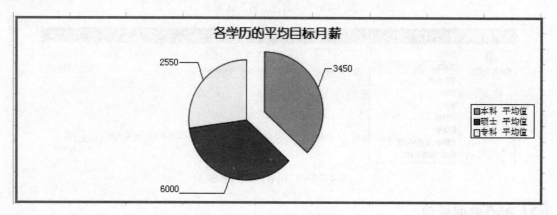

图 4-72　图表编辑效果

（1）选中图表并右击，在弹出的快捷菜单中选择"图表区格式"命令，然后在弹出的对话框中设置边框成最粗单实线、颜色为"蓝-灰"色，如图 4-73 所示。选中图表标题并右击，在弹出的快捷菜单中选择"图表标题格式"命令，然后在弹出的对话框中设置标题为幼圆、字号 12，如图 4-74 所示。

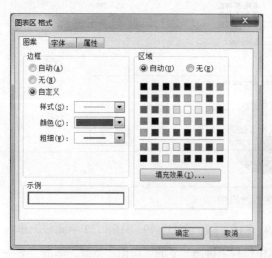

图 4-73　"图表区 格式"对话框　　　　　图 4-74　"图表标题 格式"对话框

（2）在饼图的本科部分单击两次，选中本科部分并按下左键向外拖动。

（3）单击"插入"→"形状"→"标注"→"椭圆形标注"按钮，根据图 4-75 所示的效果，选择标注样式并右击，选择"编辑文字"命令，在其中输入"本科"文字。

（4）单击"插入"→"文本框"按钮，在图表右下角绘制一个文本框，并输入"人事部小江制作"，文本框设置成无边框效果。

（5）保存退出。

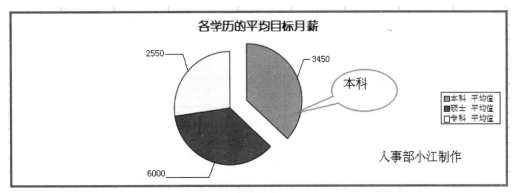

图 4-75 添加批注和文本框

项目三 玩具店销售数据分析

 项目描述

张总的玩具店在某市设有 3 个分店，平常为了方便管理，他都使用 WPS 表格来记录各种销售数据。现在张总想要知道各分店 11 月的销售情况，希望能利用玩具报价表（见图 4-76）、各分店销售清单（见图 4-77）等基础数据进行统计分析，分析出 11 月份各分店的玩具销售额、最畅销玩具（销售额最大）、最滞销玩具（销售额最小）、各分店玩具总销售排名，并利用图表表示各分店玩具销售额、毛利润等。

	A	B	C	D	E
1	玩具报价表				
2	编号	玩具名称	单位	进价	售价
3	1	100粒桶装橡木积木	桶	40.00	50.00
4	2	80粒桶装橡木积木	桶	30.00	40.00
5	3	100块早教计算积木	桶	58.00	69.00
6	4	80块早教计算积木	桶	48.00	60.00
7	5	发条玩具七彩毛毛虫	只	0.90	1.50
8	6	各款发条小玩具	个	0.50	0.90
9	7	儿童户外玩具回旋镖	个	7.00	11.50
10	8	小老虎儿童电子琴	个	15.80	25.00
11	9	玩具弓箭组合	套	42.50	55.00
12	10	玩具儿童购物车	个	25.10	36.60
13	11	木制彩色敲球落梯玩具	个	27.80	39.00
14	12	9片拼图玩具	件	1.30	2.40
15	13	20片拼图玩具	件	2.20	3.50
16	14	24片卡通动物拼图	件	4.50	6.40
17	15	六面画9粒立体拼图玩具	套	6.10	9.90
18	16	有声挂图	张	8.60	12.30
19	17	磁性原木火车头	个	2.80	4.80
20	18	木制玩具五套柱	套	21.20	28.00

图 4-76 玩具报价表

11月份销售清单							
分店名	玩具名称	数量	单位	进价	售价	销售额	毛利润
分店1	100粒桶装搽木积木	30					
分店1	80块早教计算积木	30					
分店1	发条玩具七彩毛毛虫	16					
分店1	各款发条小玩具	52					
分店1	儿童户外玩具回旋镖	21					
分店1	小老虎儿童电子琴	10					
分店1	玩具弓箭组合	33					
分店1	玩具儿童购物车	31					
分店1	木制彩色敲球落梯玩具	19					
分店1	9片拼图玩具	8					
分店1	20片拼图玩具	25					
分店1	24片卡通动物拼图	27					
分店1	六面画9粒立体拼图玩具	44					
分店1	有声挂图	47					
分店1	磁性原木火车头	61					
分店1	木制玩具五套柱	37					
分店1	木制四层天梯滑翔车	26					
分店1	木制串珠绕珠玩具	18					

图 4-77　各分店销售清单

解决方案

首先利用 VLOOKUP 函数和玩具报价表快速地找到 11 月份所销售各种玩具的进价和售价,而后再利用公式计算出各种玩具的销售额和毛利润。创建各分店各种玩具销售额的数据透视表,分别利用 MAX、MIN 函数找到各分店最畅销、最滞销玩具的销售额,再利用 VLOOKUP 函数找到各分店最畅销、最滞销玩具的玩具名称,利用 RANK 函数可以容易地统计出各分店的销售排名情况。

项目分解

在制作过程中,将项目分解为以下 3 个任务,逐一解决:
● "各分店销售清单"工作表中相关信息的统计。
● 各分店的玩具销售额、销售排名、最畅销玩具和最滞销玩具的统计。
● 各分店的玩具销售额、毛利润图表表示。

任务一　"各分店销售清单"工作表中相关信息的统计

任务涉及的主要知识点

1. VLOOKUP 函数

VLOOKUP 函数的功能:在表格首列查找指定的数值,并由此返回表格当前行中指定列处的数值。

使用格式:VLOOKUP(lookup_value, table_array, col_index_num, range_lookup)

可以写为:VLOOKUP(查找值,数据表,列序数,匹配条件)

lookup_value:查找值,为需要在区域第一列中查找的数值,可以是数值、引用或文本字符串。

table_array:数据表,需要在其中查找数据的数据表。指表格的一个区域,可以是两列或多列数据,可以使用对区域或区域名称的引用。特别要注意的是这个区域第一列的值必须是 lookup_value 查找的值。

col_index_num:列序数,待返回的匹配值的列序号。为 1 时,返回数据表第一列中的数值;

为 2 时，返回数据表第二列中的数值，以此类推。

range_lookup：匹配条件，指定在查找时要求精确匹配还是大致匹配。如果为 false，精确匹配；如果为 true 或忽略，大致匹配。

2．名称的使用

在 WPS 表格中，有时需要反复使用某个单元格区域，如果每次都要重新选定同一个单元格区域，操作过程烦琐，可以通过单元格区域名称的方式来简化操作过程。

单元格区域的名称是先定义后使用。单元格区域名称的定义方法有：

方法一：首先选择要命名的单元格区域，然后单击"名称框"，在其中输入名称，最后按【Enter】键确认。

方法二：首先选择要命名的单元格区域，单击"公式"→"名称管理器"按钮，弹出"定义名称"对话框，如图 4-78 示，在光标位置输入名称，单击"确定"按钮。

图 4-78 "定义名称"对话框

任务实现过程

1．VLOOKUP 函数统计

要求：在"各分店销售清单"工作表中利用 VLOOKUP 函数统计玩具的单位、进价和售价，将进价和售价两列数据设置为货币型，并保留两位小数。

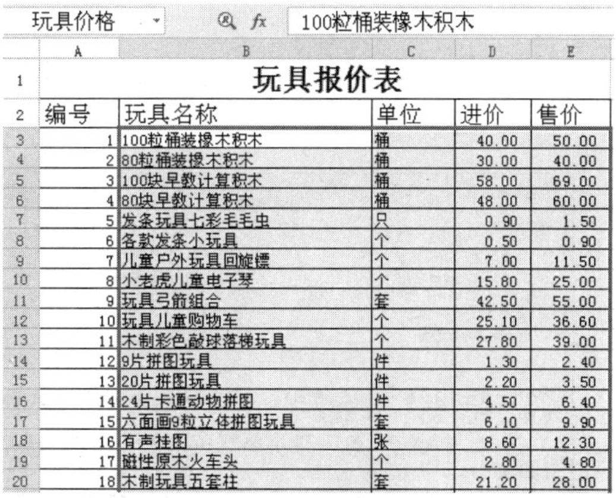

（1）在"玩具报价表"中选择 B3:E102 单元格，单击名称框，输入"玩具价格"后按【Enter】键，将此区域命名为"玩具价格"，如图 4-79 和图 4-80 所示。

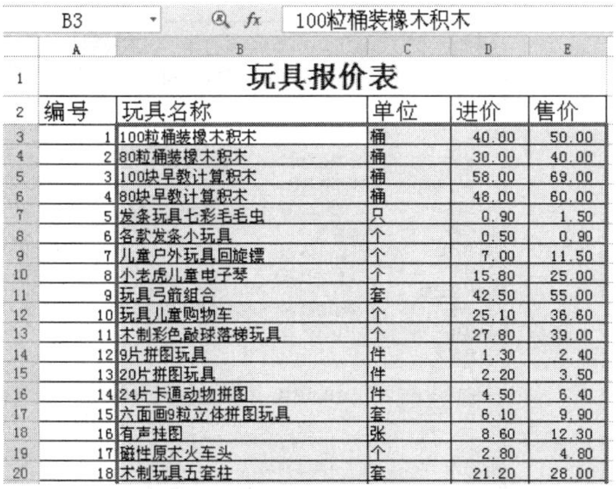

图 4-79 选择区域　　　　　　图 4-80 区域命名

（2）打开"各分店销售清单"工作表，选中单元格 D3，单击"插入函数"按钮 *fx*，弹出"插入函数"对话框，如图 4-81 所示，选择"查找与引用"类别，并选择"VLOOKUP"函数，单击"确定"按钮，弹出"函数参数"对话框，如图 4-82 所示。

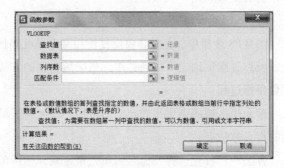

图 4-81　"插入函数"对话框　　　　　　　图 4-82　"函数参数"对话框

（3）根据玩具名称 B 列查找对应的单位。单击"查找值"文本框右侧的  按钮，选择 B3 单元格；单击"数据表"文本框输入单元格区域名称"玩具价格"。

（4）"列序数"参数是决定找到对应玩具所在行后，该行的哪一列数据被返回。"单位"列所处位置在"玩具价格"区域的第二列，因此该参数位置输入 2。

（5）"匹配条件"参数是决定查找时玩具名称是要"大致匹配"还是"精确匹配"，这里输入"false"进行精确查找，如图 4-83 所示，然后单击"确定"按钮。

（6）双击 D3 单元格右下的填充柄或拖动 D3 单元格右下的填充柄至 D173 单元格，复制公式。

（7）按上述方式，查找各玩具的进价和售价。（查找时注意进价和售价存放在"玩具价格"区域的第几列）

（8）选中 E3:F173 单元格并右击，在弹出的快捷菜单中选择"设置单元格格式"命令，在弹出的对话框中选择"数字"选项卡，选择"货币"分类，进行图 4-84 所示的设置，单击"确定"按钮。

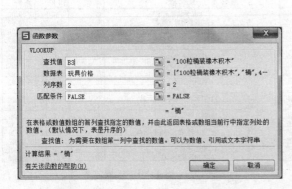

图 4-83　设置 VLOOKUP 函数参数　　　　　图 4-84　"数字"选项卡

2．公式的使用

要求：使用公式计算出"各分店销售清单"工作表中销售额和毛利润两列的数据，计算公式为：销售额=售价*数量、毛利润=（售价-进价）*数量，将这两列的计算结果设置为货币型并保留两位小数。

（1）选中 G3 单元格，输入"=F3*C3"，单击编辑栏左侧的 ✓ 按钮，如图 4-85 所示。

图 4-85　G3 单元格公式

（2）设置单元格格式。与上一任务中操作类似，不再赘述。

（3）双击 G3 单元格右下的填充柄，复制公式。

（4）选中 H3 单元格，输入"=(F3-E3)*C3"，如图 4-86 所示。

图 4-86　H3 单元格公式

（5）选中 H3 单元格后操作如步骤（2）。

（6）双击 H3 单元格右下的填充柄，复制公式。

任务二　各分店的玩具销售额、销售排名、最畅销玩具和最滞销玩具的统计

 任务涉及的主要知识点

（1）数据透视表。

（2）RANK 函数。

（3）分类汇总。

任务实现过程

1. 数据透视表

要求：在"各分店销售清单"工作表中，使用数据透视表分析各个分店售出玩具的销售额，并找到各分店及所有分店最畅销玩具和最滞销玩具。

（1）选中"各分店销售清单"工作表数据区中 A2:H173 单元格，单击"插入"→"数据透视表"按钮，在弹出"创建数据透视表"对话框中单击"确定"按钮，生成新工作表。

（2）将工作表改名为"数据透视表"，如图 4-87 所示。

（3）将右侧窗格中的"分店名"字段添加至列区域，"玩具名称"字段添加至行区域，"销售额"字段添加至数值区域，生成图 4-88 所示的数据透视表。

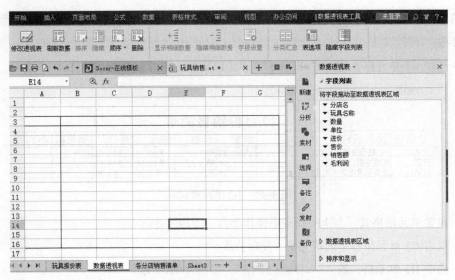

图 4-87　工作表重命名

图 4-88　行、列区域设置

（4）在 G4:k8 单元格输入图 4-89 所示的内容。

（5）使用 MAX 函数计算出"最畅销"（即销售额最大）的玩具：选中 H5 单元格，输入"=MAX(B5:B96)"，向右拖动填充柄至 K5 单元格，复制公式。

	A	B	C	D	E	F	G	H	I	J	K
1											
2											
3	求和项:销售额	分店名									
4	玩具名称	分店1	分店2	分店3	总计			分店1	分店2	分店3	总体
5	100块早教计算积木		1104	3312	4416		最畅销				
6	100桶装樏木积木	1500		1300	2800		最畅销玩具名称				
7	180粒朵拉形串珠玩具	904.4			904.4		最滞销				
8	20片拼图玩具	87.5	248.5	91	427		最滞销玩具名称				

图 4-89　输入内容

（6）使用 MIN 函数计算出"最滞销"（即销售额最小）的玩具：选中 H7 单元格，输入"=MIN(B5:B96)"，向右拖动填充柄至 K7 单元格，复制公式，效果如图 4-90 所示。

G	H	I	J	K
	分店1	分店2	分店3	总体
最畅销	6540	4992	7412	13952
最畅销玩具名称				
最滞销	19.2	15.3	13.5	23
最滞销玩具名称				

图 4-90 计算最大最小值

（7）将 A5:A96 的内容复制至 F5:F96 单元格内。

● 说明

使用 VLOOKUP 函数查找时，要查找的对象一定要定义在查找区域的第 1 列，现要找第一分店最畅销的玩具名称，所以"分店 1"列必须作为第一列，这样的话无法将"玩具名称"列选择在内，所以必须将其复制至最后一列。

（8）选中 H6 单元格，插入函数 VLOOKUP，在弹出的对话框中输入图 4-91 所示的内容。

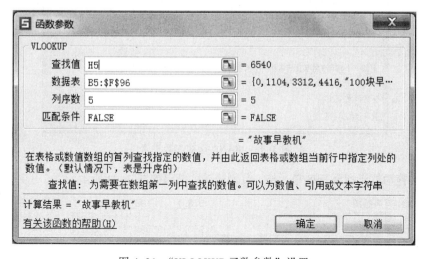

图 4-91 "VLOOKUP 函数参数"设置

（9）在 I6、J6 和 K6 单元格中依次输入"=VLOOKUP(I5,C5:$F$96,4,FALSE)""=VLOOKUP(J5,D5:$F$96,3,FALSE)"和"=VLOOKUP(K5,E5:$F$96,2,FALSE)"。

● 注意

第 2、3 个参数的变化，与（7）中提到的 VLOOKUP 函数属性有关。

（10）"最滞销玩具名称"的查找方式与步骤（8）、（9）类似。

（11）为 H 至 K 列设置最适合列宽，效果如图 4-92 所示。

	G	H	I	J	K
1					
2					
3					
4		分店1	分店2	分店3	总体
5	最畅销	6540	4992	7412	13952
6	最畅销玩具名称	故事早教机	轨道火车加汽车	故事早教机	故事早教机
7	最滞销	19.2	15.3	13.5	23
8	最滞销玩具名称	9片拼图玩具	各款发条小玩具	发条玩具七彩毛毛虫	拳头枪

图 4-92　设置列宽

2. 排名

要求：在"数据透视表"工作表中，对 3 个分店 11 月份的总销售额进行排名。

（1）单击 A98 单元格，输入"分店销售排名"。

（2）单击 B98 单元格，插入函数 RANK，在"函数参数"对话框中输入图 4-93 所示的内容。

◎思考

这里第二个参数中用到了绝对引用，为什么？如果不用绝对引用是否可行？

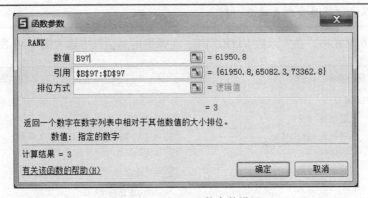

图 4-93　RANK 函数参数设置

（3）向右拖动填充柄至 D98 单元格，复制公式，结果如图 4-94 所示。

95	有声挂图		578.1	196.8		774.9
96	组装工具椅子			969	1377	2346
97	总计		61950.8	65082.3	73362.8	200395.9
98	分店销售排名		3	2	1	

图 4-94　销售排名结果

3. 分类汇总

要求：复制"各分店销售清单"工作表，创建副本，在副本中根据销售清单计算各分店玩具总的销售额和毛利润，同时，在这基础上统计 11 月份各分店出售的玩具种类数。

（1）右击"各分店销售清单"工作表名称，选择"移动或复制工作表"命令，在弹出的对话框中选择"建立副本"复选框，创建一个副本。

（2）选择"各分店销售清单（2）"工作表，选择数据清单区域的 A2:H173 单元格，单击"数据"→"降序"按钮，在弹出"排序"对话框中设置"主要关键字"为"分店名"。

（3）单击"数据"→"分类汇总"按钮，在弹出的"分类汇总"对话框进行设置，如图 4-95（a）所示，然后单击"确定"按钮，结果如图 4-95（b）所示。

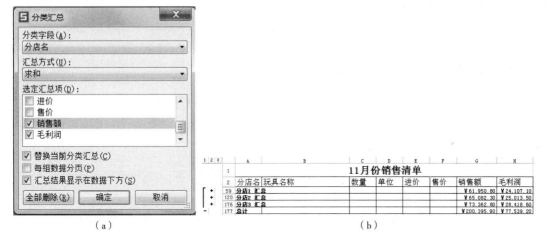

（a）　　　　　　　　　　　　（b）

图 4-95　分类汇总设置和结果

（4）选择"各分店销售清单（2）"工作表，选择数据清单区域任意单元格，单击"数据"→"分类汇总"按钮，在弹出的"分类汇总"对话框中进行设置，如图 4-96 所示（注意：由于是嵌套汇总，因此这里不选择"替换当前分类汇总"复选框），最后单击"确定"按钮，结果如图 4-97 所示。

图 4-96　嵌套分类汇总设置

1 2 3 4		A	B	C	D	E	F	G	H
	1			11月份销售清单					
	2	分店名	玩具名称	数量	单位	进价	售价	销售额	毛利润
	59	分店1 计数	56						
	60	分店1 汇总						￥61,950.80	￥24,107.10
	121	分店2 计数	60						
	122	分店2 汇总						￥65,082.30	￥25,013.50
	178	分店3 计数	55						
	179	分店3 汇总						￥73,362.80	￥28,418.60
	180	总计数	171						
	181	总计						￥200,395.90	￥77,539.20

图 4-97　嵌套分类汇总结果

任务三　各分店的玩具销售额、毛利润图表表示

 **任务涉及的主要知识点**

用图表示销售额和毛利润。

任务实现过程

要求：在"各分店销售清单（2）"工作表中，使用"带数据标记的折线图"图表分析比较各个分店出售玩具的销售额和毛利润。

（1）选择 A、G、H 列的相应单元格，如图 4-98 所示。

1 2 3 4		A	B	C	D	E	F	G	H
	1			**11月份销售清单**					
	2	分店名	玩具名称	数量	单位	进价	售价	销售额	毛利润
	60	分店1 汇总						￥61,950.80	￥24,107.10
	122	分店2 汇总						￥65,082.30	￥25,013.50
	179	分店3 汇总						￥73,362.80	￥28,418.60
	180	总计数		171					
	181	总计						￥200,395.90	￥77,539.20

图 4-98　选择数据

（2）单击"插入"→"图表"按钮，在弹出的"图表类型"对话框中选择"折线图"中的"数据点折线图"类型（见图 4-99），单击"完成"按钮生成图表（见图 4-100）。

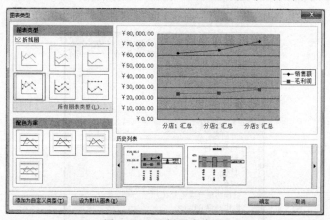

图 4-99　选择图表类型

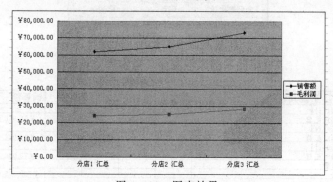

图 4-100　图表效果

课 后 练 习

1. 学生成绩表的分析

学校将各班级的成绩 WPS 表格发给各班班主任，并要求各班班主任用已发的数据对班上学生的各科成绩进行统计分析，以得到各学生的评级、整个班级各科成绩的及格率、排名等情况。张老师是某班的班主任，拿到的成绩表如图 4-101 所示。同时张老师希望能通过输入学号快速查询到学生的相关考试信息。

	A	B	C	D	E	F	G	H
1	学号	姓名	性别	高等数学	英语	计算机基础	总分	评级
2	001	吴贞	女	85	88	95		
3	002	李双	女	78	83	90		
4	003	王洪	男	90	95	96		
5	004	张杨	女	81	92	86		
6	005	康林	男	75	72	82		
7	006	杨果	女	56	61	62		
8	007	俞小美	女	92	90	98		
9	008	叶双双	女	93	89	97		
10	009	林陈	男	81	85	88		
11	010	胡小月	女	78	83	78		

图 4-101　原始成绩表

请您帮助张老师完成以下任务：

（1）打开"成绩表.et"的"成绩"工作表。

（2）利用公式计算总分一列的值，总分=高等数学+英语+计算机基础。

（3）利用 IF 函数计算评级一栏：总分大于等于 270 评级为优，总分大于等于 260 且小于 270 评级为良，总分大于等于 230 且小于 260 评级为中，总分小于 230 评级为差。

（4）在评级后添加一列"排名"，用 RANK 函数计算总分排名，并使用自动填充功能。

（5）在 A12:A14 单元格依次输入"最高分""最低分""优秀人数"。用 MAX、MIN、COUNTIF 函数分别进行统计。

（6）将 A1:I11 区域边框设置为蓝色双实线，A1:I1 单元格设置填充效果为"图案样式 12.5%、图案颜色为浅紫"，效果如图 4-102 所示。

	A	B	C	D	E	F	G	H	I
1	学号	姓名	性别	高等数学	英语	计算机基础	总分	评级	排名
2	001	吴贞	女	85	88	95	268	良	4
3	002	李双	女	78	83	90	251	中	7
4	003	王洪	男	90	95	96	281	优	1
5	004	张杨	女	81	92	86	259	中	5
6	005	康林	男	75	72	82	229	差	9
7	006	杨果	女	56	61	62	179	差	10
8	007	俞小美	女	92	90	98	280	优	2
9	008	叶双双	女	93	89	97	279	优	3
10	009	林陈	男	81	85	88	254	中	6
11	010	胡小月	女	78	83	78	239	中	8
12	最高分			93	95	98			
13	最低分			56	61	62			
14	优秀人数							3	

图 4-102　"成绩"工作表效果

（7）将 A2:A11 区域进行名称定义，定义为"学号项"。

（8）打开"查询"工作表，在 B1 单元格使用"数据有效性"设置为只可以选择"成绩"工作表中学生的"学号"。

（9）使用 VLOOKUP 函数填写"查询"工作表的 B2:B8 区域，使得选择学生学号后能自动显示学生的"姓名""高等数学""英语"等相关信息。函数使用过程中请使用自动填充功能，效果如图 4-103 所示。

（10）复制"成绩"工作表生成副本，将副本重命名为"分类汇总"，放在"查询"工作表后。

（11）打开"分类汇总"工作表，统计各性别各科的平均成绩，效果如图 4-104 所示。

（12）保存退出。

	A	B
1	请输入学号	
2	姓名	#N/A
3	高等数学	#N/A
4	英语	#N/A
5	计算机	#N/A
6	总分	#N/A
7	评级	#N/A
8	排名	#N/A

	A	B
1	请输入学号	001
2	姓名	吴贞
3	高等数学	85
4	英语	88
5	计算机	95
6	总分	268
7	评级	良
8	排名	4

图 4-103　"查询"工作表效果

	A	B	C	D	E	F	G	H	I
1	学号	姓名	性别	高等数学	英语	计算机基础	总分	评级	排名
2	003	王洪	男	90	95	96	281	优	1
3	005	康林	男	75	72	82	229	差	9
4	009	林陈	男	81	85	88	254	中	6
5			男 平均值	82	84	88.66666667			5.333333333
6	001	吴贞	女	85	88	95	268	良	4
7	002	李双	女	78	83	90	251	中	7
8	004	张杨	女	81	92	86	259	中	5
9	006	杨果	女	56	61	62	179	差	10
10	007	俞小美	女	92	90	98	280	优	2
11	008	叶双双	女	93	89	97	279	优	3
12	010	胡小月	女	78	83	78	239	中	8
13			女 平均值	80.42857143	83.71428571	86.57142857			5.571428571
14			总平均值	80.9	83.8	87.2			5.5
15		最高分		93	95	98			
16		最低分		56	61	62			
17		优秀人数						4	

图 4-104　"分类汇总"工作表效果

2．商场销售数据分析

小王是某商场某省负责人，该商场在某省有 10 个销售点，总公司要求小王提交 2012 年上半年商场在该省的销售情况，包括该省内各销售点的销售量、所占份额、销售排名等具体情况。

为了统计方便，小王将十个销售点的基本销售情况录入进 WPS 表格中，如图 4-105 所示。

	A	B	C	D	E	F
1	各销售点统计表					
2	销售点	一季度销售额（万元）	二季度销售额（万元）	上半年销售额（万元）	所占比例	销售额排名
3	1	43	53			
4	2	160	87			
5	3	77	100			
6	4	189	137			
7	5	200	261			
8	6	130	196			
9	7	110	127			
10	8	127	62			
11	9	170	106			
12	10	198	155			
13	总销售额					

图 4-105　原始销售表

小王制定了如下解决方案：

在已有 WPS 表格中使用公式、各种函数进行分析（其中销售额进行排名使用 RANK 函数进行计算，可自动生成相关名次），使用数据透视表和图表方式将销售具体情况表现出来。

（1）利用公式计算销售额，上半年销售额=一季度销售额+二季度销售额，利用函数计算一季度、二季度和上半年的总销售额。

（2）利用公式计算"所占比例"列，所占比例=某分店上半年销售额÷上半年总销售额，请用自动填充功能，E3:E12 单元格设置成"百分比，小数位数两位"。

（3）利用 RANK 函数计算"销售额排名"列，即上半年销售额的排名，请用自动填充功能，效果如图 4-106 所示。

	A	B	C	D	E	F
1	各销售点统计表					
2	销售点	一季度销售额（万元）	二季度销售额（万元）	上半年销售额（万元）	所占比例	销售额排名
3	1	43	53	96	3.57%	10
4	2	160	87	247	9.19%	6
5	3	77	100	177	6.58%	9
6	4	189	137	326	12.13%	3
7	5	200	261	461	17.15%	1
8	6	130	196	326	12.13%	3
9	7	110	127	237	8.82%	7
10	8	127	62	189	7.03%	8
11	9	170	106	276	10.27%	5
12	10	198	155	353	13.13%	2
13	总销售额	1404	1284	2688		

图 4-106 排名效果

（4）复制"销售"工作表，建立两个副本。

（5）在"销售"工作表中，利用条件格式将上半年销售大等于 300 的单元格底纹设置为酸橙色。

（6）在"销售"工作表中，将标题区域（A1:F1）合并居中，将 A2:F2 单元格文字设置为绿色，并将其内容设置为水平垂直居中，如图 4-107 所示。

	A	B	C	D	E	F
1			各销售点统计表			
2	销售点	一季度销售额（万元）	二季度销售额（万元）	上半年销售额（万元）	所占比例	销售额排名
3	1	43	53	96	3.57%	10
4	2	160	87	247	9.19%	6
5	3	77	100	177	6.58%	9
6	4	189	137	326	12.13%	3
7	5	200	261	461	17.15%	1
8	6	130	196	326	12.13%	3
9	7	110	127	237	8.82%	7
10	8	127	62	189	7.03%	8
11	9	170	106	276	10.27%	5
12	10	198	155	353	13.13%	2
13	总销售额	1404	1284	2688		

图 4-107 "销售"工作表效果

（7）打开"销售（2）"工作表，重命名为"筛选"。筛选出上半年销售额排名前三名且销售额大于 300 万元的销售点记录，如图 4-108 所示。

	A	B	C	D	E	F
1	各销售点统计表					
2	销售点	一季度销售额（万元）	二季度销售额（万元）	上半年销售额（万元）	所占比例	销售额排名
6	4	189	137	326	12.13%	3
7	5	200	261	461	17.15%	1
8	6	130	196	326	12.13%	3
12	10	198	155	353	13.13%	2

图 4-108　"筛选"工作表效果

（8）打开"销售（3）"工作表，重命名为"图表"。为各销售点创建数据透视表，计算"上半年销售"的平均值、最大值和最小值，生成的新工作表命名为"数据透视表"，效果如图 4-109 所示。

	A	B	C	D
1				
2				
3		数据		
4	销售额排名	平均值项:上半年销售额（万元）	最大值项:上半年销售额（万元）	最小值项:上半年销售额（万元）
5	1	461	461	461
6	2	353	353	353
7	3	326	326	326
8	5	276	276	276
9	6	247	247	247
10	7	237	237	237
11	8	189	189	189
12	9	177	177	177
13	10	96	96	96
14	总计	268.8	461	96

销售　筛选　数据透视表　图表　Sheet2　Sheet3　… +

图 4-109　"数据透视表"工作表效果

（9）打开"图表"工作表，为各销售点所占比例建立分离型饼图，选择图表配色方案（第一行第三列）系列产生在列，其中图例位于底部，数字标签包括百分比，其他默认，产生的图表放置在 A15:F27 单元格区域，效果如图 4-110 所示。

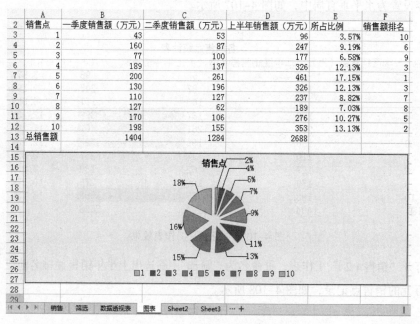

	A	B	C	D	E	F
2	销售点	一季度销售额（万元）	二季度销售额（万元）	上半年销售额（万元）	所占比例	销售额排名
3	1	43	53	96	3.57%	10
4	2	160	87	247	9.19%	6
5	3	77	100	177	6.58%	9
6	4	189	137	326	12.13%	3
7	5	200	261	461	17.15%	1
8	6	130	196	326	12.13%	3
9	7	110	127	237	8.82%	7
10	8	127	62	189	7.03%	8
11	9	170	106	276	10.27%	5
12	10	198	155	353	13.13%	2
13	总销售额	1404	1284	2688		

销售　筛选　数据透视表　图表　Sheet2　Sheet3　… +

图 4-110　"图表"工作表效果

（10）保存退出。

3．工资管理

小吴是某公司的财务，负责管理公司人员的工资，她将公司人员的基本工资信息和标准制作成 WPS 表格，并想通过 WPS 表格能自动计算出公司人员的工资和应缴纳金额等信息。她制定了如下解决方案：

（1）打开"工资.et"中的"基本工资信息"工作表（见图 4-111），使用 YEAR、TODAY 函数计算工龄。

	A	B	C	D	E	F	G	H	I	J	K	L
1	员工编号	姓名	性别	工作日期	学历	部门	职务	考核	工龄	职务工资	学历工资	基本工资
2	001	林陈	男	1990-5-9	研究生	技术部	工程师	合格				
3	002	李百	男	2003-10-20	本科	业务部	普通员工	合格				
4	003	连心	女	1988-3-11	研究生	销售部	部门经理	良好				
5	004	陈歌	男	1999-6-12	专科	财务部	普通员工	合格				
6	005	刘雨	男	1998-1-6	研究生	技术部	工程师	合格				
7	006	王红	女	2003-7-4	本科	业务部	普通员工	合格				
8	007	吴方	男	2008-5-15	本科	销售部	普通员工	优秀				
9	008	张树	男	1993-3-21	研究生	财务部	部门主管	合格				
10	009	林杰	女	2008-2-17	本科	技术部	助理工程师	合格				
11	010	黄树	男	2007-11-28	本科	业务部	普通员工	良好				
12	011	刘云	男	2006-8-29	本科	业务部	业务员	合格				
13	012	张颖	女	2001-12-20	专科	财务部	文员	合格				
14	013	唐洪	男	1992-1-24	研究生	技术部	部门主管	良好				
15	014	方仪	女	2004-9-22	本科	业务部	普通员工	合格				
16	015	李序	女	2010-7-2	专科	销售部	业务员	良好				

图 4-111　"基本工资信息"工作表

（2）打开工作表"工资标准"（见图 4-112），给 A1:B8、E1:F4、E9:F12 这 3 个单元格区域分别定义名称为"职务工资""学历工资"和"奖金"。

	A	B	C	D	E	F
1	职务	职务工资			学历	学历工资
2	部门经理	3000			研究生	1100
3	部门主管	2500			本科	800
4	工程师	2000			专科	500
5	助理工程师	1500				
6	普通员工	1000				
7	文员	1000				
8	业务员	800				
9					考核	奖金
10					优秀	2000
11					良好	1500
12					合格	1000

图 4-112　"工资标准"工作表

（3）打开工作表"基本工资信息"，利用 VLOOKUP 函数找到每个人员的"职务工资""学历工资"，请使用自动填充功能。

（4）利用公式计算"基本工资"列，基本工资=50*工龄+职务工资+学历工资，效果如图 4-113 所示。

（5）打开工作表"个人缴纳金"，利用 VLOOKUP 函数找到每个人员的"基本工资"，请使用自动填充功能。

（6）利用 VLOOKUP 函数找到每个人员的"奖金"，请使用自动填充功能。（注意：奖金标准和考核情况在另外两张工作表上）

	A	B	C	D	E	F	G	H	I	J	K	L
1	员工编号	姓名	性别	工作日期	学历	部门	职务	考核	工龄	职务工资	学历工资	基本工资
2	001	林陈	男	1990-5-9	研究生	技术部	工程师	合格	24	2000	1100	4300
3	002	李百	男	2003-10-20	本科	业务部	普通员工	合格	11	1000	800	2350
4	003	连心	女	1988-3-11	研究生	销售部	部门经理	良好	26	3000	1100	5400
5	004	陈歌	男	1999-6-12	专科	财务部	普通员工	合格	15	1000	500	2250
6	005	刘雨	男	1998-1-6	研究生	技术部	工程师	合格	16	2000	1100	3900
7	006	王红	男	2003-7-4	本科	业务部	普通员工	合格	11	1000	800	2350
8	007	吴方	男	2008-5-15	本科	销售部	普通员工	优秀	6	1000	800	2100
9	008	张树	男	1993-3-21	研究生	财务部	部门主管	合格	21	2500	1100	4650
10	009	林杰	女	2008-2-17	本科	技术部	助理工程师	合格	6	1500	800	2600
11	010	黄树	男	2007-11-28	本科	业务部	普通员工	良好	7	1000	800	2150
12	011	刘云	女	2006-8-29	专科	销售部	业务员	良好	8	800	500	1700
13	012	张颖	女	2001-12-20	专科	财务部	文员	合格	13	1000	500	2150
14	013	唐洪	男	1992-1-24	研究生	技术部	部门主管	良好	22	2500	1100	4700
15	014	方仪	女	2004-9-22	本科	业务部	普通员工	合格	10	1000	800	2300
16	015	李序	女	2010-7-2	专科	销售部	业务员	良好	4	800	500	1500

图 4-113 "基本工资信息"工作表最后效果

（7）养老保险=基本工资*8%；医疗保险=基本工资*2%；失业保险=基本工资*1%；住房公积金=基本工资*7%，扣三险一金=基本工资+奖金-养老保险-医疗保险-失业保险-住房公积金，请用公式计算这几列数据。

（8）参照图 4-114 的方法结合使用 IF 函数计算每个人员的"个人所得税"的值。用公式计算实发工资，实发工资=扣三险一金-个人所得税，效果如图 4-115 所示。

（9）复制工作表"基本工资信息"生成两个副本，工作表"基本工资信息（2）"重命名为"分类汇总"。打开"分类汇总"工作表，统计各学历的平均基本工资，然后在已统计的基础上统计各学历的人数，如图 4-116 所示。

（10）打开工作表"基本工资信息（3）"，"基本工资信息（3）"重命名为"筛选"。请筛选出男研究生且基本工资大于 4000 元的记录，筛选出的记录放至 A22 开始的单元格区域，如图 4-117 所示。

（11）保存退出。

个税税率表

级数	扣除三险一金后月收入（元）	税率（%）	速算扣除数（元）
1	<4500	5	0
2	4500~7500	10	75
3	7500~12000	20	525
4	12000~38000	25	975
5	38000~58000	30	2725
6	58000~83000	35	5475
7	>83000	45	13475

应纳税额=本人月收入（扣除三险一金后）—个税起征点（3500元）

个人所得税=应纳税额*对应的税率—速算扣除数

图 4-114 个税税率表

	A	B	C	D	E	F	G	H	I	J
1	员工编号	基本工资	奖金	养老保险	医疗保险	失业保险	住房公积金	扣三险一金	个人所得税	实发工资
2	001	4300	1000	344	86	43	301	4526	27.6	4498.4
3	002	2350	1000	188	47	23.5	164.5	2927	0	2927
4	003	5400	1500	432	108	54	378	5928	167.8	5760.2
5	004	2250	1000	180	45	22.5	157.5	2845	0	2845
6	005	3900	1000	312	78	39	273	4198	34.9	4163.1
7	006	2350	1000	188	47	23.5	164.5	2927	0	2927
8	007	2100	2000	168	42	21	147	3722	11.1	3710.9
9	008	4650	1000	372	93	46.5	325.5	4813	56.3	4756.7
10	009	2600	1000	208	52	26	182	3132	0	3132
11	010	2150	1500	172	43	21.5	150.5	3263	0	3263
12	011	1700	1500	136	34	17	119	2894	0	2894
13	012	2150	1000	172	43	21.5	150.5	2763	0	2763
14	013	4700	1500	376	94	47	329	5354	110.4	5243.6
15	014	2300	1000	184	46	23	161	2886	0	2886
16	015	1500	1500	120	30	15	105	2730	0	2730

图 4-115 "个人缴纳金"工作表最后效果

	A	B	C	D	E	F	G	H	I	J	K	L
1	员工编号	姓名	性别	工作日期	学历	部门	职务	考核	工龄	职务工资	学历工资	基本工资
2	002	李百	男	2003-10-20	本科	业务部	普通员工	合格	11	1000	800	2350
3	006	王红	女	2003-7-4	本科	业务部	普通员工	合格	11	1000	800	2350
4	007	吴方	男	2008-5-15	本科	销售部	普通员工	优秀	6	1000	800	2100
5	009	林杰	女	2008-2-17	本科	技术部	助理工程师	合格	6	1500	800	2600
6	010	黄树	男	2007-11-28	本科	业务部	普通员工	良好	7	1000	800	2150
7	014	方仪	女	2004-9-22	本科	业务部	普通员工	合格	10	1000	800	2300
8				本科 计数	6							
9				本科 平均值								2308.333333
10	001	林陈	男	1990-5-9	研究生	技术部	工程师	合格	24	2000	1100	4300
11	003	连心	女	1988-3-11	研究生	销售部	部门经理	良好	26	3000	1100	5400
12	005	刘雨	男	1998-1-6	研究生	技术部	工程师	合格	16	2000	1100	3900
13	008	张树	男	1993-3-21	研究生	财务部	部门主管	合格	21	2500	1100	4650
14	013	唐洪	男	1992-1-24	研究生	技术部	部门主管	良好	22	2500	1100	4700
15				研究生 计数	5							
16				研究生 平均值								4590
17	004	陈歌	男	1999-6-12	专科	财务部	普通员工	合格	15	1000	500	2250
18	011	刘云	女	2006-8-29	专科	销售部	业务员	良好	8	800	500	1700
19	012	张颖	女	2001-12-20	专科	财务部	文员	合格	13	1000	500	2150
20	015	李序	女	2010-7-2	专科	销售部	业务员	良好	4	800	500	1500
21				专科 计数	4							
22				专科 平均值								1900
23				总计数	17							
24				总平均值								2960

图 4-116 "分类汇总"效果

	A	B	C	D	E	F	G	H	I	J	K	L	M	N	O	P
1	员工编号	姓名	性别	工作日期	学历	部门	职务	考核	工龄	职务工资	学历工资	基本工资				
2	001	林陈	男	1990-5-9	研究生	技术部	工程师	合格	24	2000	1100	4300				
3	002	李百	男	2003-10-20	本科	业务部	普通员工	合格	11	1000	800	2350				
4	003	连心	女	1988-3-11	研究生	销售部	部门经理	良好	26	3000	1100	5400				
5	004	陈歌	男	1999-6-12	专科	财务部	普通员工	合格	15	1000	500	2250				
6	005	刘雨	男	1998-1-6	研究生	技术部	工程师	合格	16	2000	1100	3900				
7	006	王红	女	2003-7-4	本科	业务部	普通员工	合格	11	1000	800	2350				
8	007	吴方	男	2008-5-15	本科	销售部	普通员工	优秀	6	1000	800	2100				
9	008	张树	男	1993-3-21	研究生	财务部	部门主管	合格	21	2500	1100	4650				
10	009	林杰	女	2008-2-17	本科	技术部	助理工程师	合格	6	1500	800	2600				
11	010	黄树	男	2007-11-28	本科	业务部	普通员工	良好	7	1000	800	2150		性别	学历	基本工资
12	011	刘云	女	2006-8-29	专科	销售部	业务员	良好	8	800	500	1700		男	研究生	>4000
13	012	张颖	女	2001-12-20	专科	财务部	文员	合格	13	1000	500	2150				
14	013	唐洪	男	1992-1-24	研究生	技术部	部门主管	良好	22	2500	1100	4700				
15	014	方仪	女	2004-9-22	本科	业务部	普通员工	合格	10	1000	800	2300				
16	015	李序	女	2010-7-2	专科	销售部	业务员	良好	4	800	500	1500				
17																
18																
19																
20																
21																
22	员工编号	姓名	性别	工作日期	学历	部门	职务	考核	工龄	职务工资	学历工资	基本工资				
23	001	林陈	男	1990-5-9	研究生	技术部	工程师	合格	24	2000	1100	4300				
24	008	张树	男	1993-3-21	研究生	财务部	部门主管	合格	21	2500	1100	4650				
25	013	唐洪	男	1992-1-24	研究生	技术部	部门主管	良好	22	2500	1100	4700				

图 4-117 "筛选"效果

4. 在 WPS 表格中打开 Excel01.xlsx 工作簿并完成操作

（1）在"成绩"工作表中，将 A1:F1 单元格区域合并居中，同时将标题设置为"黑体、16 磅、红色"。将标题行的行高设置为 30，其余行高设置为 23。

（2）利用公式计算综合成绩，综合成绩=期中成绩×30%+期末成绩×70%。

利用 IF 函数判断是否需要补考，如果综合成绩小于 60 分，"补考否"列显示"补考"，否则为空白。

（3）将（A2:F12）区域中的数据复制到 Sheet2 表（A1:F11）单元格区域中，并将其重命名为"补考统计"。在"补考统计"表 A1:F11 所构成的数据清单中，按照"补考否"升序排列，再按"补考否"段进行分类汇总，统计补考人数，将汇总的结构显示在数据下方。

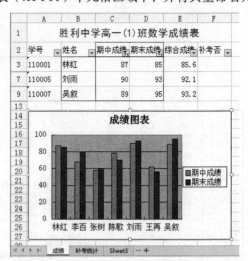

图 4-118　完成后的图表

（4）在"成绩"表中，利用自动筛选功能选择期中成绩和期末成绩都在 85 分以上（包含 85 分）的学生记录。

（5）在"成绩"工作表中以姓名为系列，为步骤（6）中筛选结果的期中成绩和期末成绩两列数据建立"簇状柱形图"图表，系列产生在列，图表标题为"成绩图表"，其余为默认设置。

（6）保存工作簿，效果如图 4-118 所示。

5. 在 WPS 表格中打开 Excel06.xls 工作簿，"销售"工作表存放朝阳公司第一季度的销售数据并完成操作

（1）在"销售"工作表中，给单元格区域（A1:E6）设置最细实线内外边框，并将（A1:E1）单元格区域底纹设置为 12.5%灰色图案（图案样式的第一行第 5 列样式），图案颜色为红色。

（2）用公式法计算各商品"实际销售金额"，公式为：实际销售金额=平均单价×数量×(1-折价率)，保留两位小数。

（3）在单元格 F2 中使用函数法得出所有商品实际销售总金额，并在单元格 F2 中插入批注，批注内容为：实际销售金额=平均单价×数量×(1-折价率)。

将"销售"工作表的 A、B、C、E 列数据复制到"统计"工作表的头四列，将"统计"工作表中 B、D 列设置为"最适合的列宽"，并在"统计"工作表单元格区域（A1:D6）所构成的数据清单中，利用自动筛选功能筛选出不含电冰箱商品的记录。

（4）在"统计"工作表中按各商品的实际销售金额制作饼图，系列产生在列，数据标签包含值，图表标题为"实际销售金额"，其他为默认设置，产生的图表放置在"统计"工作表中的（A8:E20）单元格区域内。

（5）保存工作簿，效果如图 4-119 所示。

图 4-119　完成后的图表

6. 在 WPS 表格中打开 Excel03.xls 工作簿并完成操作

（1）在"成绩"工作表中，使用公式计算每个学生的平均成绩，结果保留 1 位小数。使用函数求出最高平均成绩和最低平均成绩，分别置于单元格 G14 和 G15 中。

（2）将（A2:B12，G2:G12）区域中的数据复制到 Sheet2 表（A1:C11）单元格区域中，表明改为"统计"，在 A1:C11 所构成的数据清单中，按"性别"列升序排序，然后用分类汇总的方法计算男、女生"平均成绩"的平均值，汇总结果显示在数据下方。

（3）将"成绩"表中的"姓名"列和"性别"互换位置（即"性别"为第一列，"姓名"为第二列）。

（4）在"成绩"工作表单元格区域（A2:G12）所构成的数据清单中，利用自动筛选功能筛选平均成绩在 80～90 分（包括 80 分，不包括 90 分）的男生记录。

（5）将"成绩"工作表（A1:G1）单元格区域合并居中，将单元格底纹图案设置为 25% 灰色（图案样式中第 1 行第 4 列的样式），底纹颜色为黄色。

（6）在"成绩"工作表中为筛选后学生的四门课程的成绩制作簇状柱形图，系列产生在列，图标标题为"四门成绩图表"，图例位于底部，其他为默认值。

（7）保存工作簿，效果如图 4-120 所示。

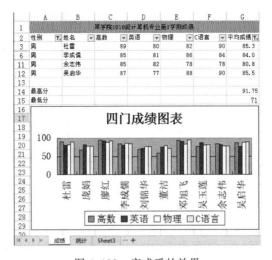

图 4-120　完成后的效果

模块五 │ WPS 演示文稿

WPS 演示是金山软件公司推出的办公自动化系列套装软件 WPS Office 家族中的主要成员之一。它可以制作包括声音、图形、动画等具有多媒体元素的各种各样的演示文稿，被广泛地应用到学校、企事业单位的各个部门，如制作教学课件、新产品发布、工作汇报等演示文稿。本模块将"毕业论文答辩稿制作"项目为例，讲解了 WPS 演示的相关知识，培养解决实际问题的能力。

目标要求

- WPS 演示文稿基本操作：创建、保存、文字排版、放映设置等。
- WPS 演示文稿中插入多媒体对象：图片、声音、视频、图表等。
- 快速设计 WPS 演示文稿：幻灯片版式、设计模板、配色方案及幻灯片母版。
- WPS 演示文稿中导航设置：超链接、动作按钮。
- WPS 演示文稿中动画设置：动画方案、幻灯片切换及自定义动画。

项目设置

毕业论文答辩演讲稿。

项目　毕业论文答辩 PPT 的制作

 **项目描述**

小陈是一名本科生，即将参加毕业论文答辩。他的本科毕业论文已经通过审核，完全符合本科毕业论文的相关要求，现在需要一份精心设计的毕业论文答辩演讲稿。毕业论文答辩演讲稿是每一位参加答辩学生必备的演示文稿，是为专家讲解、展示论文内容的最佳表现方式。在演示文稿设计过程中，最重要的是演示文稿内容的组织。制作过程中，首先要能展示出论文所要表达的基本思想，其次要尽量图文并茂；在 PPT 的主题版式上，则要尽量大方简洁，在此基础上还可以添加一些动画设计以增强答辩过程的生动性与说明效果。

解决方案

毕业论文答辩演示文稿制作一般包含 3 个步骤：基本文本内容组织和格式设置；演示文稿外观主题及动画设计；导入外部相关多媒体文件、设置演示文稿导航。

首先组织论文答辩所包含的文本内容及相关素材，通过幻灯片版式、设计模板、背景等设置演示文稿的主题及外观；然后在演示文稿相应位置插入与论文内容相关的图片、声音、Excel 图表文件和超链接，使整个演示文稿图文并茂，并且能更加形象地展示论文的核心思想；最后通过添加动画效果和幻灯片切换设置，使幻灯片放映时具有生动丰富的观感。小陈最终制作出的演示文稿效果如图 5-1 所示。

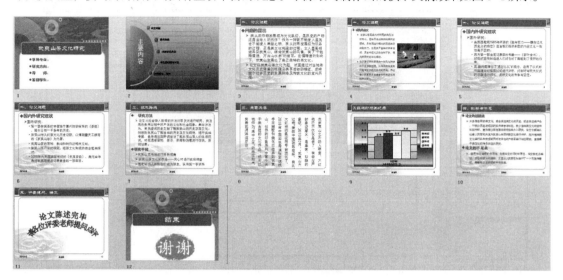

图 5-1　论文答辩稿效果图

项目分解

在制作过程中，将项目分解为以下 5 个任务，逐一解决：
- 文档格式设置：新建演示文稿，设计演示文稿模板，确定设计主题。
- 填充版面内容：包括文本、图片、声音，并设置相关格式。
- 为幻灯片设置导航：包括超链接、动作按钮等。
- 个性化设置：包括演示文稿动画、切换等设置。
- 幻灯片其余设置。

任务一　文档格式设置

任务涉及的主要知识点

（1）创建、保存演示文稿。

（2）幻灯片格式设置，包括幻灯片版式、设计模板、背景的设置。

任务实现过程

1. 认识 WPS 演示操作界面

在使用任何一款软件之前，熟悉其操作环境是必要的，为了让读者阅读更加清晰，这里对WPS演示的操作界面相关模块做统一命名，如图 5-2 所示。

图 5-2　WPS 演示操作界面

2. 创建并保存演示文稿

要求：新建 WPS 演示，以便和 Office 兼容，使用"论文答辩稿.ppt"为文件名保存在 D 盘个人文件夹（要求自定义文件夹，文件夹名为"学号+姓名"）下。操作步骤如下：

（1）启动 WPS 演示。

（2）创建 WPS 演示：单击"WPS 演示"→"新建"按钮，即可创建一个空白的演示文稿；或者单击工具栏上的  按钮，从弹出的下拉菜单中选择"新建"命令即可，如图 5-3 所示。

图 5-3　创建文件快捷菜单

> ◎说明
>
> 　WPS 演示不仅可以创建空白演示文稿，也可以创建基于模板的演示文稿，既可以通过本机模板新建，也可以从在线模板新建，在线模板是 WPS 演示的一个重要特性，单击"从在线模板新建"按钮，弹出图 5-4 所示的界面（必须联网），单击选择喜欢的模板，在弹出的对话框单击"立即下载"按钮，下载成功后即可创建基于此模板的文档，在此以"PPT 制作技巧"模板为例创建一个文档，效果如图 5-5 所示。

图 5-4　下载 WPS 演示在线模板

图 5-5　基于"PPT 操作技巧"在线模板创建的演示文稿效果图

（3）保存 WPS 演示：单击"WPS 演示"→"保存"或"另存为"按钮，弹出"另存为"对话框，如图 5-6 所示。

⊙说明

"保存"和"另存为"之区别，对于一个新建文档来说，两者没有区别，均弹出"另存为"对话框进行保；对于已经保存的文档来说，两者有区别，"保存"是指将当前的修改覆盖原文档，而"另存为"是指对当前编辑的文档重新建立一个文件。

图 5-6　"另存为"对话框

（4）选择存储路径，输入文件名，选择保存类型，单击"保存"按钮即可，在此为了与 Office 兼容，选择保存类型为"*.ppt"。

◎注意

① 为文档命名时，尽量做到"见名知意"，方便日后管理和维护。

② 在编辑文档时，应养成经常保存文档的习惯，以免因为死机或突然断电造成数据丢失的情况发生。

③ 为了避免上述情况的发生，WPS 演示提供了自动保存的功能，单击"WPS 演示"下拉按钮，在弹出的列表框中单击"工具"→"选项"按钮，弹出"选项"对话框，如图 5-7 所示。切换到"常规和保存"选项，选择"启用定时备份"复选框，调整时间，系统即可按时自动保存。

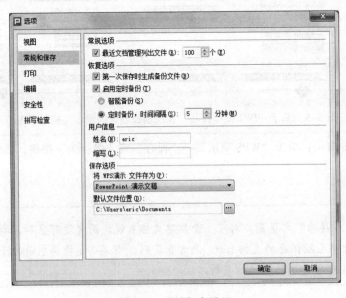

图 5-7　自动保存设置

3. 幻灯片版式设置

要求：新建 12 张幻灯片，将第 1 张和最后一张幻灯片版式设置为"标题幻灯片"；第 2 张幻灯片版式设置为"空白"；第 4 张幻灯片设置为"标题、文本与内容"版式；第 8 张幻灯片设置为"标题和竖排文字"版式；其余幻灯片设置为"标题和文本"版式。操作步骤如下：

（1）添加幻灯片：单击"开始"→"新建幻灯片"按钮，如图 5-8 所示；或者在左侧"导航面板"处右击，在弹出的快捷菜单中选择"新建幻灯片"命令，如图 5-9 所示。

图 5-8　通过项目卡新建　　　　　　　图 5-9　通过导航面板新建

> **◎说明**
>
> ① "新建幻灯片"为创建一张空幻灯片；创建幻灯片副本必须先选中一张目标幻灯片，再单击"幻灯片副本"按钮，即创建一张与目标幻灯片相同的幻灯片。
>
> ② 添加幻灯片最快捷的方式：将光标移到左侧"导航面板"处，按【Enter】键即可添加一张新的幻灯片。
>
> ③ 演示文稿与幻灯片的区别：演示文稿是指一个文件，而幻灯片是演示文稿的一个独立页面。一份完整的演示文稿由许多相互关联、并按一定顺序排列的"幻灯片"组成。
>
> ④ 幻灯片除了可以添加之外，还可以对幻灯片进行其他操作，在左侧"导航面板"处，选中某张幻灯片并右击，在弹出的快捷菜单中可以选择"复制"、"粘贴"及"删除"幻灯片的操作。
>
> ⑤ 如果要改变幻灯片的顺序，左侧"导航面板"处，选中某张幻灯片，按住鼠标左键拖动到需要位置即可。

（2）设置幻灯片版式：选择第 4 张幻灯片并右击，在弹出的快捷菜单中选择"幻灯片版式"命令，如图 5-10 所示；或单击"设计"→"幻灯片版式"按钮，打开"幻灯片版式"任务窗格，如图 5-11 所示，选择"标题、文本与内容"版式，单击即可将第 4 张幻灯片应用为"标题、文本与内容"版式。

> **◎说明**
>
> ① 幻灯片的版式是用于确定幻灯片中包含对象的布局格式，版式一般由占位符组成，不同的占位符可以放置不同的对象，如标题和文本占位符可以放置文本内容，内容占位符不仅可以放置文本，还可以放置图片、图表、表格、媒体对象等。
>
> ② 占位符是指幻灯片上一种带有虚线或阴影线的虚框，是根据需求对幻灯片进行合理布局的一种符号。
>
> ③ 默认情况下幻灯片版式的名称没有显示，只显示其布局格式，将鼠标悬停在某个版式上方，即可显示对应版式的名称。

图 5-10　快捷菜单　　　　　　　图 5-11　幻灯片版式

（3）按照上述操作，将其他幻灯片设置为相应的版式。

4．幻灯片外观设置

> **○说明**
>
> ① 幻灯片外观设置一般通过 4 种方式进行：设计模板、母版、配色方案及局部个性化设置。
> ② 设计模板：包含演示文稿样式的文件，包括项目符号和字体的类型和大小、占位符大小和位置、背景设计和填充、配色方案以及幻灯片母版和可选的标题母版。演示文稿提供了完整、专业的模板（也可以在线下载），可以将模板应用于所有或选定的幻灯片。
> ③ 母版：如果说设计模板为系统提供的模板（当然设计模板也是由别人开发设计），则母版是自行开发的设计模板。幻灯片母版的目的就是可以进行全局设计、更改（如替换字体格式、更改项目符号等），并将该种操作应用到演示文稿中对应的幻灯片。一方面提高了工作效率，另一方面也使幻灯片效果更加完整、统一。通常使用幻灯片母版进行下列操作：
>
> - 设计统一的背景。
> - 更改字体或项目符号。
> - 插入要显示在多张幻灯片上的图片（如 LOGO）。
> - 更改占位符的位置、大小和格式。
>
> 　　幻灯片母版分为标题母版和幻灯片母版，其中标题母版只针对版式为"标题幻灯片"的幻灯片，而幻灯片母版是对演示文稿进行全局更改，母版的更改会应用到基于母版的所有幻灯片。
> ④ 配色方案由幻灯片设计中使用的 8 种颜色（背景、文本和线条、阴影、标题文本、填充、强调、强调文字和超链接、强调文字和已访问的超链接）组成，可以应用于幻灯片、备注页和讲义。通过这些颜色的设置可以使幻灯片更加美观、生动。

⑤ 幻灯片背景：可以用纯色、渐变及特殊的颜色变化或图片为幻灯片某一张或全部设置背景样式。

⑥ 局部个性化设置：通过设计方案、母版和配色方案对幻灯片外观进行全局的设置，如果对个别幻灯片要求特殊效果，可以在全局设计的基础上单独对其进一步修改，修改的结果会覆盖全局设计。

⑦ 每一个设计都有自身的特点及局限性，一个优秀的幻灯片在设计过程中，有可能综合应用到以上几种设计方法。

操作步骤如下：

（1）切换到母版视图：单击"设计"→"编辑母版"按钮，切换到母版视图，如图 5-12 所示。

（2）创建标题母版：如图 5-12 所示，默认情况下只有一张幻灯片母版，在左侧右击，在弹出的快捷菜单中选择"新标题母版"命令，即可新建一张标题母版，如图 5-13 所示。

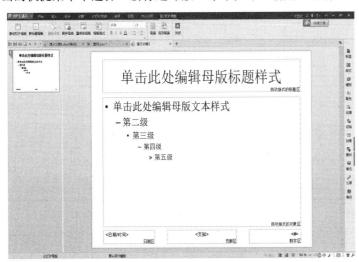

图 5-12 幻灯片母版

图 5-13 母版导航列表

（3）设计幻灯片母版页。

① 首先插入整体背景图片（素材文件中"bg_all.jpg"），调整图片大小与幻灯片一致，默认情况下，插入的图片位于当前最顶层，图片会将幻灯片占位符全部覆盖，如图 5-14 所示。设计中需要将背景图片置于底层，选中图片，右击，在弹出的快捷菜单中选择"叠放次序"→"置于底层"命令，设置效果如图 5-15 所示。

② 然后调整标题与正文占位符的大小与位置，双击标题或正文占位符，在弹出的对话框中，切换到"尺寸和位置"选项卡，按照图 5-16 和图 5-17 所示，分别设置标题占位符的大小及位置；按照图 5-18 和图 5-19 所示，分别设置正文占位符的大小及位置。

图 5-14　插入图片效果

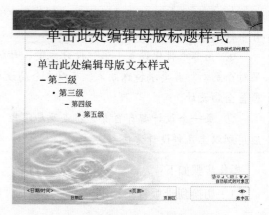

图 5-15　图片置于底层效果

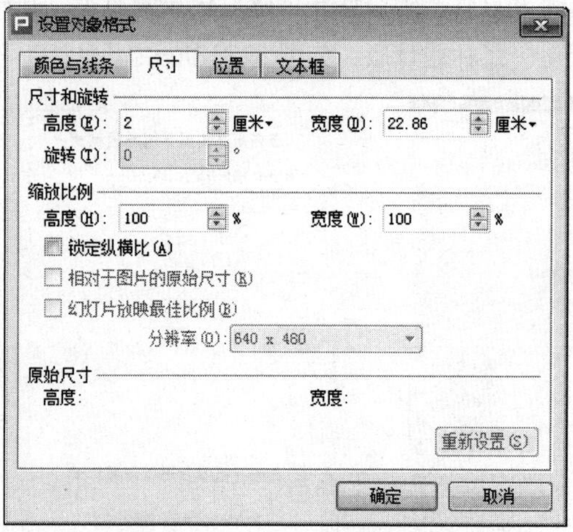

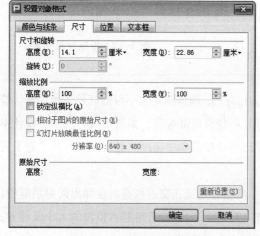

图 5-16　"尺寸"选项卡

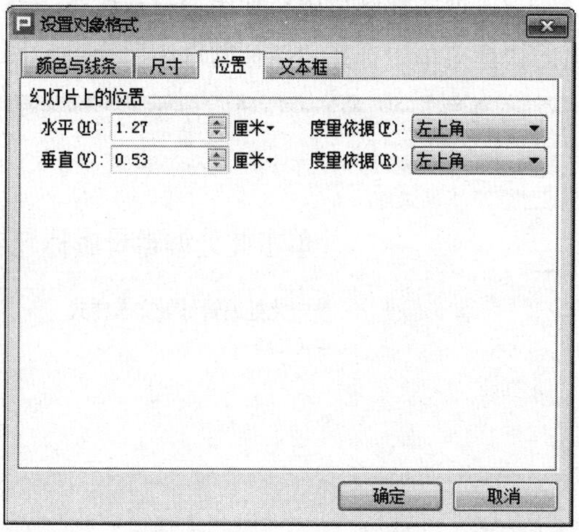

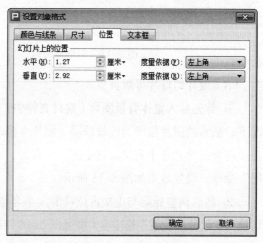

图 5-17　"位置"选项卡

图 5-18　"尺寸"选项卡

图 5-19　"位置"选项卡

③ 然后设置标题及正文文本格式：选择标题占位符，将标题文本设置为"华文行楷、32、白色"；选择正文占位符，设置字体颜色为 RGB(51,153,102)，将一级标题的项目符号设置为◆，二

级标题的项目符号设置为➢，三到五级项目符号为默认（也可以自行设定，本项目只用到一、二级），字体格式和大小为默认，将各级标题均设置为"1.5 倍行距"。

④ 为标题及正文添加边框修饰线条，插入一个"填充颜色为海绿、边框颜色为白色、边框粗细为 3 磅"的圆角矩形，调整其大小与位置，使其大小与标题占位符大小一致，位置与标题占位符重叠，并将标题占位符的叠放次序置于顶层。

⑤ 同样步骤，插入一个"无填充颜色、边框颜色为酸橙色、边框粗细为 2.25 磅"的圆角矩形，调整其大小与位置，使其大小与正文占位符大小一致，位置与正文占位符重叠，并将正文占位符的叠放次序置于顶层。设置完毕的效果如图 5-20 所示。

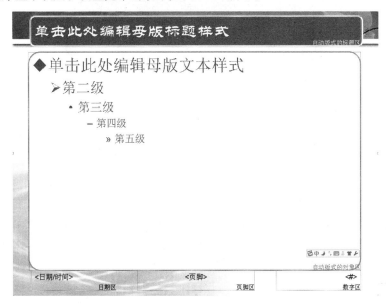

图 5-20　母版效果图

⑥ 最后删除日期区占位符，并将页脚区占位符和数字区占位符统一下移，使其下边缘对齐模板页的下边缘，拖动其位于模板页的左侧（右侧区域将放置导航按钮），效果如图 5-21 所示。

图 5-21　母版底部效果

（4）设计标题母版页。

① 首先插入整体标题页的背景图片（素材文件中"bg_title.jpg"），调整图片大小与幻灯片一致，同时将背景图片置于底层。

② 设置文本：将主标题占位区的文本设置为"华文隶书、44、白色"的字体，并居中显示；将副标题占位符区的文本设置为"黑体、28 号、颜色为 RGB（51,153,102）"，并设置为左对齐、添加圆角实心项目符号。

③ 为主标题设置边框修饰线，插入一个"填充颜色为海绿、边框颜色为白色、边框粗细为 3

磅"的圆角矩形，调整其大小与位置，使其大小与主标题占位符大小一致，位置与主标题占位符重叠，并将主标题占位符的叠放次序置于顶层。

④ 删除页脚区域内容：标题幻灯片一般不显示页脚内容，直接将日期区占位符、页脚区占位符和数字区占位符全部删除。

设置完毕的效果如图 5-22 所示。

图 5-22　应用标题母版效果

○说明

标题幻灯片中不显示页脚，可以通过删除标题母版中的页脚占位符，也可以在插入页眉页脚过程中进行设置，如图 5-23 所示，取消选择"标题幻灯片不显示"复选框，所有标题幻灯片中都不会显示页脚内容。

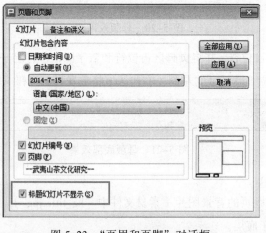

图 5-23　"页眉和页脚"对话框

（5）关闭幻灯片母版视图，切换到幻灯片浏览视图，所有幻灯片的格式统一为母版样式，如图 5-24 所示。

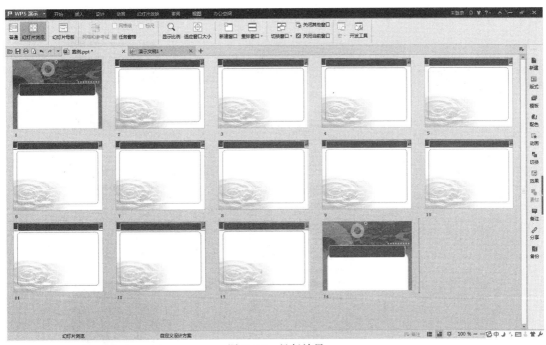

图 5-24　母版效果

> **◎说明**
>
> 　　① 在设计幻灯片整体方案时，如果没有要求个性化设置，也可以直接套用系统设计模板（也可以下载别人的模板，WPS 演示中提供了许多设计完美的在线模板可供下载），尤其对于初学者，设计模板是一个必不可少的工具。
>
> 　　② 切换到"设计"选项卡，即可看到系统随机显示的几个设计模板，将光标移到模板上方，稍加停顿，即可看到该设计模板的名称，如图 5-25 所示。

图 5-25　设计选项卡模板列表

　　③ 单击该设计模板，即可将该模板应用到所有幻灯片，效果如图 5-26 所示。在 WPS 演示中也提供了将模板应用到某张幻灯片的功能，选择要应用的幻灯片，右击选定设计模板，在弹出的快捷菜单中选择"应用于选定幻灯片"命令，效果如图 5-27 所示。

　　④ 如果想要查看更多的设计模板，单击 ○ 按钮可以切换一批本地模板，也可以单击 >> 按钮，打开"设计模板"任务窗格；或者单击"设计"→"设计模板"按钮，如图 5-28 和图 5-29 所示，"本文模板"表示当前幻灯片中应用的模板；"本地模板"是指安装 WPS 系统默认安装的模板，可以直接使用；"在线模板"表示需要下载才可以使用的模板（如果网络连通，在"设计模板"上方会显示"本文模板"和"在线模板"，如果网络不通，则显示"本文模板"和"本地模板"）。

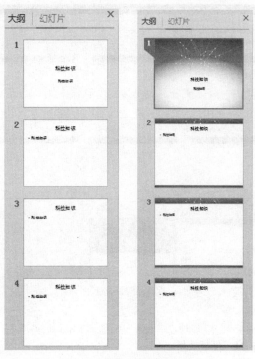

图 5-26　使用设计模板前后对照图　　　　图 5-27　应用多种设计模板

⑤ 在幻灯片设计中，配色方案的使用一般有两种方式：一种就是利用纯色彩设计整个幻灯片风格，图片等元素仅仅作为局部点缀，如传统的"黑板白字"效果；另外一种是和母版或设计模板结合使用，选择一种设计模板，并为其配置相关的个性化元素。

⑥ 单击"设计"→"配色方案"按钮，或单击功能面板上的"配色"按钮，即可打开"配色方案"任务窗格，如图 5-30 所示。

图 5-28　网络没有连通情况　　　图 5-29　网络连通情况　　　图 5-30　"配色方案"任务窗格

⑦ 选中某种配色方案，单击其右下角的下拉按钮，在弹出的下拉菜单中选择"应用于所

有幻灯片"或"应用于选定幻灯片"命令。如果想在当前配色方案做进一步修改,可以选择配色方案后单击"配色方案"任务窗格下方的"编辑配色方案"超链接,即可弹出"编辑配色方案"对话框(见图 5-31),在"自定义"项目卡中可对背景、文本和线条、阴影、标题文本、填充、强调、强调和文字链接以及强调文字和已访问的超链接 8 种配色做进一步修改。

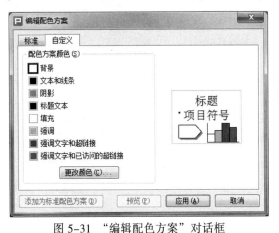

图 5-31 "编辑配色方案"对话框

(6)为第 2 张内容导航页设置特殊的背景格式:单击"设计"→"背景"按钮,弹出"背景"对话框,如图 5-32 所示,单击颜色下拉列表,在弹出的列表框中单击"填充效果"按钮,弹出"效果填充"对话框,如图 5-33 所示。选择"预设"单选按钮,在"预设颜色"下拉列表框中选择"茵茵绿原"选项后,单击"确定"按钮。

图 5-32 "背景"对话框

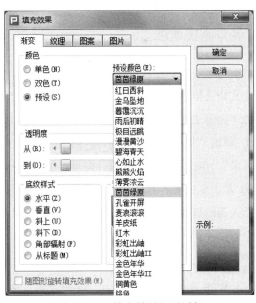

图 5-33 "填充效果"对话框

(7)返回"背景"对话框后,选择"忽略母版的背景图形"复选框,如图 5-34 所示,单击"应用"或"应用全部"按钮。如果已经设置了母版,必须选中此选项,否则看不到效果。图 5-35 所示为选中和未选中该复选框的效果对比图,两张幻灯片均采用了"茵茵绿原"填充效果,第 1

张在应用时选择了"忽略母版的背景图形"复选框，而第 2 张没有选中，所以第 1 张看到了填充的效果，而第 2 张看到的仍然是母版的效果。

图 5-34　选择"忽略母版的背景图形"复选框

图 5-35　填充效果对比

任务二　填充文档内容

任务涉及的主要知识点

（1）图片、艺术字、Excel 图表的插入与编辑。

（2）声音文件的插入。

（3）页眉页脚的设置。

任务实现过程

（1）为第 1 张幻灯片添加主标题和副标题：主标题内容为"武夷山茶文化研究"，副标题内容为论文相关信息，并将副标题内容设置为"1.5 倍行距"。

（2）为第 2 张幻灯片插入幻灯片目录结构：

① 单击"插入"→"素材库"按钮，即打开"形状和素材"任务窗格，在搜索文本库中输入"目录"，单击"搜索"按钮，即可将结果显示在窗格中，结果如图 5-36（a）所示。

② 单击要插入的素材，显示预览窗口，如图 5-36（b）所示，单击"插入"按钮，即可将该素材插入到幻灯片中。删除目录素材附带的标题占位符，拉伸插入的目录，并调整适当位置，充满整个幻灯片。

> **○说明**
>
> ① WPS 演示素材均为在线，要想使用这些素材必须保证网络连通。
>
> ② 如果在没有网络状况下使用这些素材，必须提前将这些素材下载到本机。

（a）

（b）

图 5-36 素材搜索和预览

③ 参照图 5-37 修改目录为本项目的内容。

④ 插入一个"无填充、无边框"的竖向文本框，在文本框中输入格式为"48 号、黑体、白色"、内容为"主要内容"的文字，效果如图 5-37 所示。

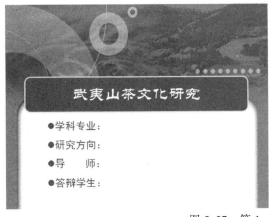

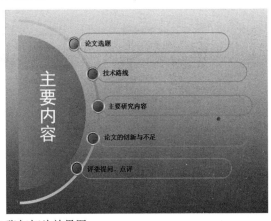

图 5-37 第 1、2 张幻灯片效果图

> **●说明**
>
> ① WPS 提供了大量的在线素材，可以直接下载使用。这些素材虽然美观易用，但也存在很大弊病——不能直接编辑。如上述插入的目录结构，假如幻灯片的目录内容有 4 条或 6 条时，就必须对上述素材进行二次加工处理，但不能直接对目录的项目直接进行添加或删除。
>
> ② WPS 中插入的素材实际上是一个绘制好的图形组合。要想对其进行二次加工，必须进行手动操作：先取消组合，再添加、删除图形元素，然后组合修改后的图形元素。

③ 图 5-38 所示为取消组合后的各个图形元素，从图中可以看出整个目录素材是由很多个图形元素组合而成的。图 5-39 所示为一个按钮其实是由 6 个圆形图形组合而成。

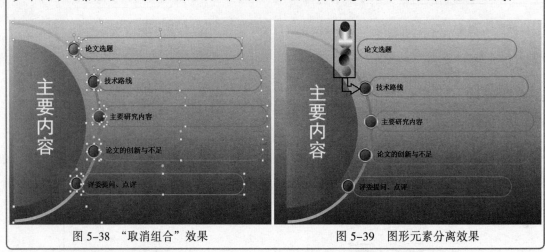

图 5-38　"取消组合"效果　　　　　　　图 5-39　图形元素分离效果

（3）按照项目效果图为第 3、5、6、7、8、10 张幻灯片插入文本内容，根据需要，适当调整字体大小，显示效果如图 5-40 所示。

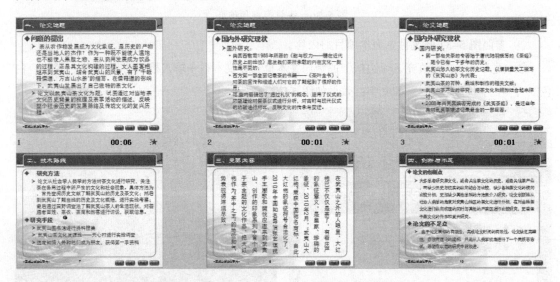

图 5-40　第 3、5、6、7、8、10 张幻灯片的效果图

●说明

① 幻灯片填充的文本内容均在"论文答辩内容.doc"文件中。

② 在填充文本过程中，注意文本的对齐、行间距等局部调整，以增强幻灯片的显示效果。

（4）为第 4 张幻灯片添加文本内容及图片：参照项目效果在左侧文本区域添加文本内容，在右侧内容区单击■按钮，或单击"插入"→"图片"按钮，将弹出"插入图片"对话框，如图 5-41 所示，选择路径和对应图片，单击"打开"按钮，即可将图片插入幻灯片中，效果如图 5-42 所示。

图 5-41　"插入图片"对话框

图 5-42　第 4 张幻灯片效果图

○说明

① 在幻灯片中，除了可以插入本地图片，也可以通过"形状和素材"任务窗格搜索插入在线图片，如图 5-43 所示，搜索"花"，便可在幻灯片插入搜索出来的图片。

② 幻灯片中的文件除了可以使用图片文件，也可以利用"形状"符号自绘图形，如流程图、简单的符号等，单击"插入"→"形状"按钮，即可看到图 5-44 所示的图形符号，也可在"形状和素材"任务窗格中切换到"形状"选项卡，如图 5-45 所示，绘制与编辑图形符号的操作与 WPS 文字类似，这里不再赘述。

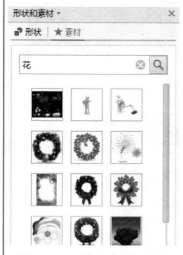

图 5-43　"形状和素材"窗格

图 5-44　"形状"下拉列表

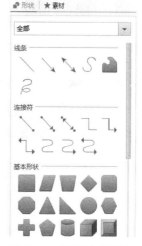

图 5-45　"形状"选项卡

③ 插入幻灯片中的图片可以进行编辑、修改。选中图片，切换到"图片工具"选项卡，通过单击对应的功能按钮，即可对图片进行编辑，如图 5-46 所示。图片的编辑操作与 WPS 文字类似，这里不再赘述。

图 5-46　"图片工具"选项卡

（5）为第 9 张幻灯片设置图表：插入一个类型为簇状柱形图的图表，数据来源为"大红袍的拍卖纪录.xls"，要求数据标签包含值。

① 选择第 9 张幻灯片，在正文占位符中单击"插入图表"按钮，将直接打开一个 WPS 表格文件，文件的名称与演示文稿名称相关，如图 5-47 所示，该文件名为"在案例.ppt 中的图表"（演示文稿的文件名为"案例.ppt"）。在打开的 Excel 工作簿中会产生包含数据及默认图表的工作表。

② 清空工作表中所有的数据，并删除图表对象。

③ 打开实验文件夹中"大红袍的拍卖纪录.xls"文件，将"拍卖纪录"工作表中 A1:B5 复制到打开工作表对应的数据区域中，并关闭"大红袍的拍卖纪录.xls"。

④ 选中粘贴好的数据区域（A1:B5），插入类型为簇状柱形图的图表，并进行相关设置，使其效果如图 5-48 所示。

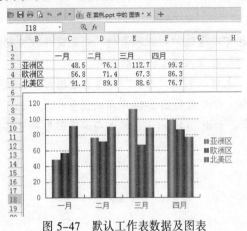

图 5-47　默认工作表数据及图表

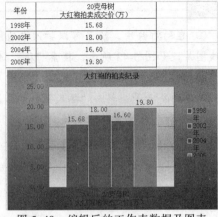

图 5-48　编辑后的工作表数据及图表

⑤ 关闭 WPS 表格，回到 WPS 演示操作界面，第 9 张幻灯片的效果如图 5-49 所示。

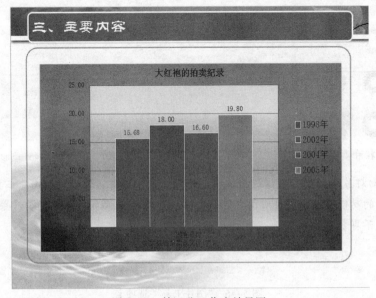

图 5-49　第 9 张工作表效果图

> **○ 说明**
>
> 图表的插入、编辑等相关操作在此没有详细解释，详细操作步骤可查阅模块四 WPS 表格中的图表知识点。

（6）为第 11 张幻灯片插入艺术字：单击"插入"→"艺术字"按钮，弹出"艺术字库"对话框，选择"第 2 行第 2 列"的样式，艺术字内容为："论文陈述完毕 请各位评委老师提问点评"，艺术字形状为"倒 V 形"，填充和轮廓的颜色均设置为"海绿色"。设置完毕幻灯片效果如图 5-50所示。

图 5-50 第 11 张幻灯片效果图

（7）为第 12 张幻灯片插入图片。

① 插入素材文件夹下"Thankyou.png"图片，调整其大小为原来的 78%，调整其位置，使其居中，如图 5-51 所示。

② 插入一个与图片大小一致的椭圆，使其刚好覆盖图片，设置其填充色为"海绿色"，效果如图 5-52 所示。

③ 右击绘制的椭圆，在弹出的快捷菜单中选择"叠放次序"→"下移一层"命令，使其作为图片的底层背景，效果如图 5-53 所示。

图 5-51 插入图片

图 5-52 插入椭圆

图 5-53 调整叠放次序

（8）为幻灯片设置背景音乐。在制作幻灯片的过程中有时不仅仅要做到图文并茂，而且还要做到绘声绘色，WPS 演示对声音、视频、动画等多媒体元素也提供了友好的支持。

选择第 1 张幻灯片，单击"插入"→"背景音乐"按钮，在弹出的对话框中选择实验素材文件夹中"bgmusic.mp3"文件,单击"确定"按钮,即可插入背景音乐,这时会在幻灯片的左下角出现背景音乐图标 。

◎说明

　　如果当前选择的不是第 1 张幻灯片,在插入背景音乐过程的最后一步,系统会弹出提示框,如图 5-54 所示。如果单击"是"按钮,背景音乐则添加到第 1 张幻灯片;单击"否"按钮,背景音乐则添加到当前幻灯片。一般演示文稿的背景音乐会放置在第一张幻灯片,即首页。

　　① 如果要测试背景音乐是否能播放,有两种方式:一是直接双击音乐图标 ;二是设置幻灯片为放映模式。

　　② 如果要对插入的背景音乐或显示方式进行编辑,右击音乐图标 ,在弹出的快捷菜单中选择对应命令即可进行修改、编辑,如图 5-55 所示。

图 5-54　提示对话框　　　　　图 5-55　快捷菜单

　　③ 如果要删除背景音乐,单击音乐图标 ,按【Delete】键即可删除。

　　④ 在 WPS 演示中,插入声音和插入背景声音的两种操作方法基本一致,但其作用不同,"插入声音"表示该声音文件只有播放到对应幻灯片时才会播放,当切换幻灯片后声音即可停止;而"插入背景声音"表示幻灯片播放的整个过程中,背景音乐都会循环播放,直到幻灯片结束放映。

　　⑤ 单击"插入"→"声音"按钮后,会弹出选择声音文件的对话框,选择声音文件后,单击"确定"按钮,将弹如图 5-56 所示的对话框,如果点击"自动"按钮,表示播放到该幻灯片时,声音自动播放;而"在单击时"表示播放到该幻灯片时,声音不会自动播放,需要单击声音标准图 ,才会播放。

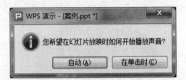

图 5-56　声音是否自动播放提示框

　　⑥ 在 WPS 演示中插入视频或 Flash 动画的方法比较简单,单击"插入"→"影片"或"Flash"按钮,选择需要插入的视频或动画即可。WPS 支持大部分视频格式,如图 5-57 所示。

影片文件 (*.asf;*.asx;*.dvr-ms;*.wpl;*.wm;*.wmx;*.wmd;*.wmz;*.avi;*.mpeg;*.mpg;*.mpe;*.m1v;*.mpv2;*.mp2v;*.mpa;*.wmv;*.wvx)

图 5-57　WPS 演示中支持的视频格式

（9）为幻灯片设置页眉和页脚。幻灯片像 WPS 文字一样，也提供了页眉和页脚设置的功能，其意义也基本一致，可以将一些要在每张幻灯片上显示的内容通过页眉和页脚来设置，如页码、日期、提示信息等。

① 单击"插入"→"页眉和页脚""幻灯片编号""日期和时间"3 个按钮之一即可弹出"页眉和页脚"对话框，如图 5-58 所示。

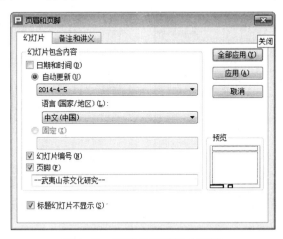

图 5-58 "页眉和页脚"对话框

② 按照图 5-58 中所示对幻灯片页眉和页脚进行设置即可。

> **◉说明**
>
> ① 在幻灯片页眉和页脚中可以插入 3 种内容：日期和时间、幻灯片编号和页脚内容，插入的内容将显示在幻灯片母版中日期区、数字区和页脚区对应的位置。
>
> ② 日期和时间有两种形式："自动更新"显示内容为打开幻灯片时，当前系统的日期和时间；"固定"表示需输入一个固定的日期和时间，每次打开幻灯片都显示该日期和时间。
>
> ③ 如果选择"标题幻灯片不显示"复选框，则表示以上设置内容将不会出现在标题幻灯片中。

任务三 设置导航

 **任务涉及的主要知识点**

（1）超链接：在 WPS 演示中是指由一张幻灯片跳转到另一张幻灯片、文件或网址等内容的导航方式，跳转的起始点成为源，跳转的终点称为目标。

（2）动作按钮：WPS 演示中提供了动作按钮的功能，可以通过动作按钮来执行另一个程序，如演示相应的图片、动画或者视频，也可以利用其进行幻灯片导航。

 **任务实现过程**

要求：为第 2 张幻灯片设置超链接，根据内容，分别将 5 项内容超链接到对应的幻灯片，为第 3～11 张幻灯片设置导航，要求有"上一页、下一页、首页和尾页"导航的功能。

（1）为第 2 张幻灯片设置超链接。

① 选择第 2 张幻灯片，选中文本"论文选题"，右击，在弹出的快捷菜单中选择"超链接"命令；或者单击"插入"→"超链接"按钮，弹出"插入超链接"对话框，如图 5-59 所示。

② 单击左侧的"本当中的位置"按钮，在右侧"请选择文档中的位置"列表框中显示了该WPS 演示文件中所有的幻灯片，如图 5-60 所示，显示了当前文档中的 12 张幻灯片。

图 5-59　"插入超链接"对话框　　　　　图 5-60　链接本文档位置

③ 在右侧列表框中选择第 3 张幻灯片，单击"确定"按钮。

④ 按照同样的方法，为其他几项导航内容设置超链接。

○说明

① 幻灯片中的链接目标有 4 种方式：链接到外部文件，选择"原有文件或网页"后，选择要链接的文件即可；链接到某个网站，选择"原有文件或网页"后，在地址文本框中输入链接的目标网址；链接到某一张幻灯片，如上步骤；链接到电子邮件：选择"电子邮件地址"后，在电子邮件文本框中输入电子邮件地址。

② 设置好的超链接需要切换到放映模式才能看到效果。

③ 设置好的超链接也可以进行编辑或删除。选择要编辑的超链接文本，右击，在弹出的快捷菜单中选择"编辑超链接"或"取消超链接"命令即可编辑或删除超链接。

（2）为第 3～11 张幻灯片设置导航条。

① 切换到母版视图模式，并选择幻灯片母版。

② 插入素材文件夹中的 4 张图片：first.png、previous.png、next.png、last.png。调整其大小和位置，使其显示效果如图 5-61 所示。

图 5-61　导航图片效果

a. 选择"首页"导航图片，右击，在弹出的快捷菜单中选择"动作设置"命令；或者单击"插入"→"动作"按钮，弹出"动作设置"对话框，如图 5-62 所示。

b. 选择"超链接到"单选按钮，在其下拉列表框中选择"第一张幻灯片"，如图 5-63 所示，单击"确定"按钮。

图 5 62　"动作设置"对话框

图 5-63　设置超链接

c. 依次选择"上一页""下一页""末页"图片，并为其设置相应的动作。

d. 关闭母版视图，切换到普通视图。

○说明

① 设置导航栏时，为了与母版设计一致，需要自行设计按钮。在 WPS 演示中，系统也提供了默认的导航按钮可以使用。

② 单击"插入"→"形状"按钮，弹出图 5-64 所示的下拉列表框，单击动作按钮，在幻灯片适当位置进行绘制即可。

图 5-64　"形状"下拉列表框

③ 母版中设置导航条的好处：不仅可以提高工作效率，而且格式布局一致。

任务四　个性化设置

任务涉及的主要知识点

（1）自定义动画。

（2）幻灯片切换设置。幻灯片切换是指播放过程中从一张幻灯片到另一张幻灯片的过渡效果。

任务实现过程

1．添加自定义动画

要求：为第4张幻灯片添加自定义动画，效果为：标题文字以自右侧、按字母、中速飞入；图片以中速、"中央向上下展开"方向、"劈裂"方式进入幻灯片；正文内容按整批、水平、快速百叶窗效果，且要求图片与正文动画同步播放。

（1）选择第4张幻灯片。

（2）单击"动画"→"自定义"按钮，或在功能面板上单击"效果"按钮，打开"自定义动画"任务窗格，如图5-65所示。

（3）单击"选择窗格"超链接，将会在任务窗格左侧弹出"选择窗格"任务窗格，如图5-66所示，会显示当前选中幻灯片中可编辑的对象，其中"图片框81"为对象名称（81为一个变化的值，表示当前插入为第几个对象），对象名称后方的眼睛按钮◉控制显示或隐藏该对象。

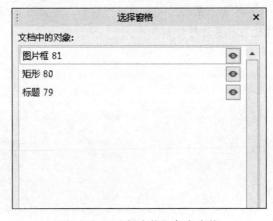

图5-65　"自定义动画"任务窗格　　　　图5-66　"选择窗格"任务窗格

（4）在"选择窗格"任务窗格中选中"标题"对象，或直接选中标题占位符，在"自定义动画"任务窗格中单击"添加效果"→"进入"→"飞入"后，即在"自定义动画"任务窗格中添加了"飞入"动画，如图5-67所示。

（5）双击插入的动画，弹出"飞入"对话框，如图5-68所示，并按照图5-68所示对飞入动画的属性进行相关的设置。

图 5-67　标题自定义动画

图 5-68　标题动画详细设置

> **说明**
>
> ①　"方向"选项表示动画的播放动作,可以从中央向上下或左右过渡,也可以从上下或左右向中央过渡。
>
> ②　"声音"选项表示在播放动画的同时,可以播放一些特殊音效,如风声、爆炸、风铃等。
>
> ③　"动画播放后"选项表示在动画播放完之后,可以选择添加一些缓冲特效,如显示某种颜色或隐藏对象。
>
> ④　"动画文本"选项只针对文本对象,可以选择整批发送或按字母发送。"整批发送"时,所有文本作为一个对象进行动画播放;"按字母发送"则将每个字母或汉字看作是一个独立对象分别进行动画播放。
>
> ⑤　切换到"计时"选项卡,如图 5-69 所示。
>
> ⑥　"开始"选项用来指定该触发动画播放的方式,一共有 3 种:"单击时"表示单击鼠标时播放该动画,为默认方式;"之前"表示与上一动画同步播放;"之后"表示在上一动画播放之后不需要单击鼠标即可接着播放动画。
>
> ⑦　"触发器"可以为某个动画设置触发条件。
>
> ⑧　切换到"正文文本动画",如图 5-70 所示。

图 5-69　"计时"选项卡

图 5-70　"正文文本动画"选项卡

> ⑨　"组合文本"下拉列表框用来设置正文文本是作为一个整体动画播放还是按标题进行分模块局部播放。

（6）在"选择窗格"任务窗格中选择"图片框"对象,或选中图片,在"自定义动画"任务窗格中单击"添加效果"→"进入"→"劈裂"后,在"自定义动画"任务窗格中将添加劈裂动画,如图 5-71 所示。

（7）设置属性："开始"选项为默认，将"方向"选项设置为"中央向上下展开"，如图5-72所示，同样将"速度"选项设置为"快速"。

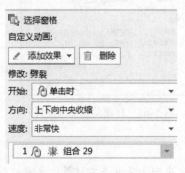

图5-71　图片框动画设置

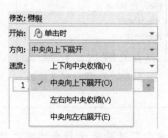

图5-72　属性详细设置

（8）在"选择窗格"任务窗格中选择"矩形"对象，或直接选中内容占位符，在"自定义动画"任务窗格中单击"添加效果"→"进入"→"百叶窗"后，在"自定义动画"任务窗格中将添加百叶窗动画，如图5-73所示。

（9）双击插入的动画，弹出"百叶窗"对话框，如图5-74所示，按照图5-71所示对百叶窗动画的属性进行相关的设置。

图5-73　正文动画设置

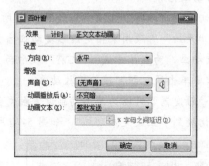

图5-74　"百叶窗"对话框

⊙说明

① 动画添加完毕后，在播放时会按照"自定义动画"任务窗格中排列的数字顺序进行播放，如图5-73所示，该幻灯片播放的过程为"标题文本"→"采茶图片"→"正文内容"。

② 如果要修改动画播放次序，首先选中要修改的动画，点击自定义动画面板下方重新排序按钮即可调整动画播放次序，如图5-75所示，假如调整后的顺序如图5-76所示，在该幻灯片播放的过程为"采茶图片"→"正文内容"→"标题文本"。

图5-75　调整幻动画播放顺序按钮

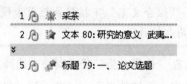

图5-76　动画播放顺序

（10）设置图片与正文动画同步播放：选中文本动画，在"自定义动画"任务窗格中将"开始"选项设置为"之前"，如图 5-77 所示，动画播放顺序如图 5-78 所示，从图 5-78 可以看出，正文和图片的播放是同步进行的。

图 5-77　修改正文动画　　　　图 5-78　动画播放顺序

> **○ 说明**
>
>
>
> ① 自定义动画只能针对选中的文本、图片等对象进行设置，而不能对整张幻灯片设置。
>
> ② 为幻灯片设置动画，除了灵活地定义动画外，也可以采用系统已定义好的动画方案。单击"动画"→"动画方案"按钮，即可打开"动画方案"任务窗格，如图 5-79 所示。
>
> ③ 在任务窗格中显示出可以应用的动画方案，选择要设置的幻灯片后，单击动画方案即可应用到该幻灯片，如果要将某种动画方案应用到所有幻灯片，选中动画方案，单击"应用于所有幻灯片"按钮即可。

图 5-79　"动画方案"任务窗格

2. 幻灯片切换设置

要求：将第 6 张幻灯片的切换方式设置为"顺时针回旋，4 根轮辐"、"中速"；将剩余幻灯片的切换效果设置为"随机"，幻灯片的切换方式设置为：鼠标单击或每隔 15 秒自动换页。操作步骤如下：

（1）将所有幻灯片切换效果设置为"随机"：单击"动画"→"切换效果"按钮，或在功能面板上单击"切换"按钮，打开"幻灯片切换"任务窗格，在任务窗格上部分显示的是幻灯片切换效果名称，如图 5-80 所示，下部分显示的是切换效果设置，如图 5-81 所示。

（2）如图 5-80 所示，在下拉列表框中选择"随机"选项，单击"应用于所有幻灯片"按钮。

（3）如图 5-81 所示，将幻灯片的换片方式设置为"单击鼠标时"和"每隔 15 秒"两种方式并存。

（4）为第 6 张幻灯片设置切换效果：选中第 6 张幻灯片，在"幻灯片切换"任务面板中单击"顺时针回旋，4 根轮辐"，在修改幻灯片切换效果处将速度设置为中速即可。

图5-80　"幻灯片切换"名称

图5-81　切换效果设置

为幻灯片设置切换效果时，也可以直接在"动画"选项卡中设置，选项卡中显示常用的切换效果（可以通过上下切换按钮进行翻页切换），如图5-82所示。

图5-82　常用幻灯片切换效果

单击展开的按钮，即可看到所有的切换效果，如图5-83所示，单击对应的切换效果的按钮，即可将其应用到选中幻灯片。

图5-83　WPS演示中幻灯片切换效果列表

任务五　幻灯片其余设置

**任务涉及的主要知识点**

（1）自定义放映。

（2）幻灯片打印。

**任务实现过程**

1．幻灯片放映设置

要求：定义一个名称为"交流"的自定义放映，要求放映的幻灯片包括：第 2 张～第 10 张幻灯片。操作步骤如下：

> ● 说明
>
> 以上过程均在设计模式下进行，幻灯片设计的所有效果必须在放映过程中展示。

（1）切换到"幻灯片放映"选项卡，如图 5-84 所示。

图 5-84　"幻灯片放映"选项卡

（2）幻灯片的放映模式有 3 种："从头开始"表示从第一张开始放映；"从当前开始"表示从当前所在幻灯片开始放映；单击"自定义放映"按钮后将弹出"自定义放映"对话框，如图 5-85 所示。

（3）单击"新建"按钮后弹出"自定义定义放映"对话框，如图 5-86 所示，在"幻灯片放映名称"文本框中输入放映名称"交流"，在左侧列表中分别选择第 2 张～第 10 张幻灯片，单击"添加"按钮，如图 5-87 所示。

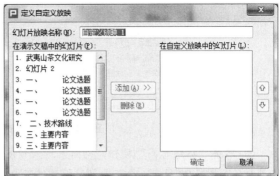

图 5-85　"自定义放映"对话框　　　　　图 5-86　"定义自定义放映"对话框

（4）单击"确定"按钮，在"自定义放映"对话框中增加了一个名为"交流"的自定义放映，如图 5-88 所示，从图 5-88 看出"编辑"、"删除"、"复制"、"放映"按钮均为可用状态。

（5）选中"交流"自定义放映，单击"放映"按钮，即可进入放映模式，放映的幻灯片将从第 2 张开始，到第 10 张结束。

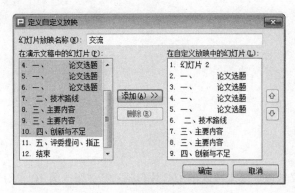 

图 5-87　选择放映幻灯片　　　　　　　图 5-88　定义完毕自定义放映

◎说明

①　在幻灯片放映设置过程中，也可以通过设置放映方式进行，单击"设置放映方式"按钮，弹出"设置放映方式"对话框，如图 5-89 所示。

②　"放映类型"包含了演讲者放映和展台浏览；"放映幻灯片"可以设置为全部、放映某区间段的幻灯片，如从第 3 张到第 5 张以及选择自定义放映；"放映选项"只有选择演讲者放映类型时才有效，如果选择了选项表示幻灯片循环播放不退出，直到按【Esc】键。绘图笔颜色是在放映过程中选择绘图笔的默认颜色；"换片方式"中手动表示通过鼠标单击方式进行切换，第二种方式表示如果存在排练时间，则使用排练时间，否则也需要通过鼠标单击进行切换。

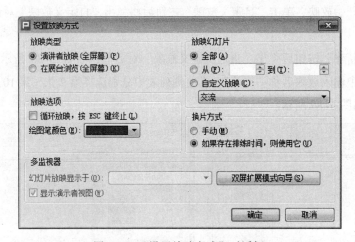

图 5-89　"设置放映方式"对话框

③　单击"排练时间"按钮，幻灯片进入预演放映模式，此时屏幕上会出现一个"预演"工具栏，如图 5-90 所示，会记录预演播放过程中，每张幻灯片播放的时间，当退出幻灯片时，系统会弹出提示对话框，如图 5-91 所示，单击"是"按钮则记录了每张幻灯片的播放时间，这是切换到幻灯片浏览视图，可以看到每张幻灯片的下方会出现一个时间，这个时间就是预览过程中幻灯片的播放时间，如图 5-92 所示。步骤（2）中，如果"换片方式"选择第二种，幻灯片播放过程中会按照预演记录的时间自动切换幻灯片。

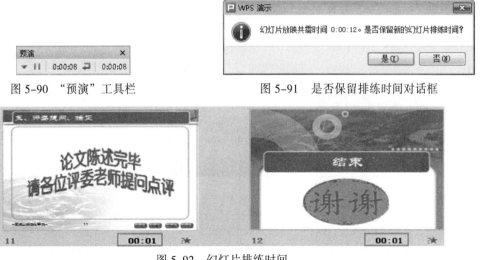

图 5-90　"预演"工具栏　　　　图 5-91　是否保留排练时间对话框

图 5-92　幻灯片排练时间

④ 单击"隐藏幻灯片"按钮，即可将当前幻灯片设置为隐藏模式，但这里隐藏只是表示在播放幻灯片时不会播放隐藏的幻灯片。

2．幻灯片打印设置

要求：打印幻灯片，设置格式为：A4 纸、横向、每页打印 6 张幻灯片、显示日期及页码、页眉设置为"武夷学院"、页脚设置为"武夷山茶文化研究"。操作步骤如下：

（1）单击"WPS 演示"→"打印预览"按钮，弹出"打印预览"选项卡，如图 5-93 所示。

图 5-93　"打印预览"选项卡

（2）单击"幻灯片"→"讲义（每页 6 张幻灯片）"按钮，如图 5-94 所示。

（3）设置页眉和页脚。单击"页眉和页脚"按钮，弹出"页眉和页脚"对话框，如图 5-95 所示，按照图中参数所示，对页眉和页脚进行设置。

图 5-94　设置每张纸打印幻灯片数

图 5-95　设置打印页眉页脚

（4）设置完毕的预览效果如图 5-96 所示。

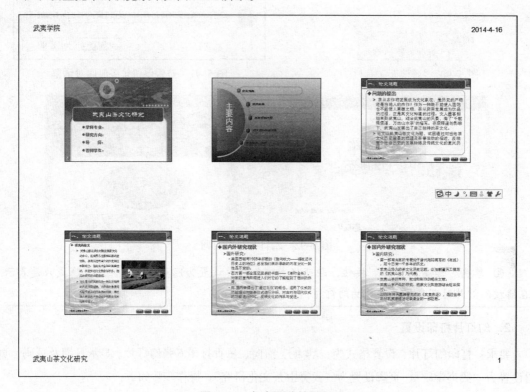

图 5-96　打印预览效果图

课 后 练 习

1. 武夷山简介幻灯片的制作。

小李是武夷学院旅游系的一名学生，有几个外地的朋友想来武夷山旅游，他们希望到来之前能对武夷山有一个系统形象的了解。小李想到通过制作一个关于武夷山简介的幻灯片来实现。一个内容丰富、美观大方的幻灯片可以很好地向外地的朋友介绍武夷山的基本概况，展示武夷山的风采。最终制作出的幻灯片简图如图 5-97 所示。

要求：

（1）第 1 张幻灯片采用"标题幻灯片"版式，标题为"世界文化与自然遗产"，文字居中，黑体，54 磅字，加粗；副标题为"——武夷山简介"，楷体，36 磅字。

（2）第 2 张幻灯片为"标题、文本与剪贴画"，标题为黑体，48 磅字，居中；文本内容为楷体，28 磅字，并添加相应的项目符号和编号；添加"武夷山云海图"剪贴画；并为文本"景点推荐"设置超链接，放映时单击鼠标链接到第四张幻灯片上。

（3）第 3 张幻灯片采用"标题和文本"版式，内容为"武夷山简介"文档，并将背景设置为"花束"纹理的填充效果；并在右下角插入声音文件"醉在武夷山.mp3"，选择自动播放。

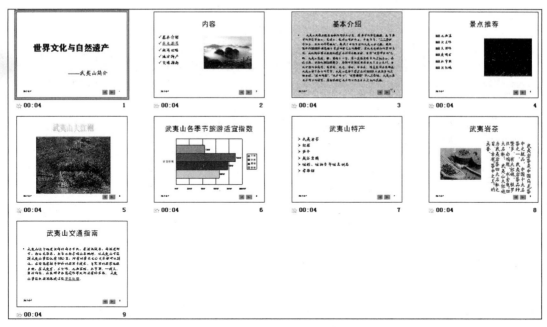

图 5-97　武夷山简介幻灯片效果图

（4）第 4 张幻灯片采用"标题、文本与内容"版式，为文本添加项目符号和编号，所用项目符号为"武夷山 Logo"图片，并在内容处插入视频文件 WYS.avi，选择自动播放。

（5）第 5 张幻灯片采用"只有标题"版式，标题为艺术字，宋体，44 号字，选择第三行第 1 列样式，形状为"两端远"；并插入图片"武夷山大红袍.jpg"。

（6）第 6 张幻灯片采用"标题和图表"版式，导入 Excel 工作簿武夷山旅游攻略.xls 的"适宜指数"工作表，建立簇状条形图，数据标签包含值。

（7）第 7 张幻灯片采用"标题和文本"版式，文本添加项目符号，并将项目符号设置为蓝色，90%字高；为标题添加自定义动画，单击时，标题以"水平""快速""百叶窗"方式进入幻灯片。

（8）第 8 张幻灯片采用"标题和竖排文字"版式，插入图片"武夷岩茶.jpg"，并将图片尺寸大小改为原来的 1.8 倍；并为幻灯片设置"典雅"动画方案。

（9）第 9 张幻灯片采用"标题和文本"幻灯片，添加相应的标题和文本；并为文本"景区地图"设置超链接，放映时单击鼠标打开图片"武夷山景区地图.jpg"。

（10）将所有幻灯片的切换方式设置为"扇形展开""中速"、每隔 5 秒自动换页。

（11）在幻灯片中插入自动更新的日期和时间，对幻灯片进行编号，并添加前进和后退的动作按钮，在母版中进行相关设置，如图 5-98 所示。

（12）保存退出。

2. 根据给定的素材，打开"高等院校简介.ppt"文档，按任务要求，制作图 5-99 所示效果的幻灯片。

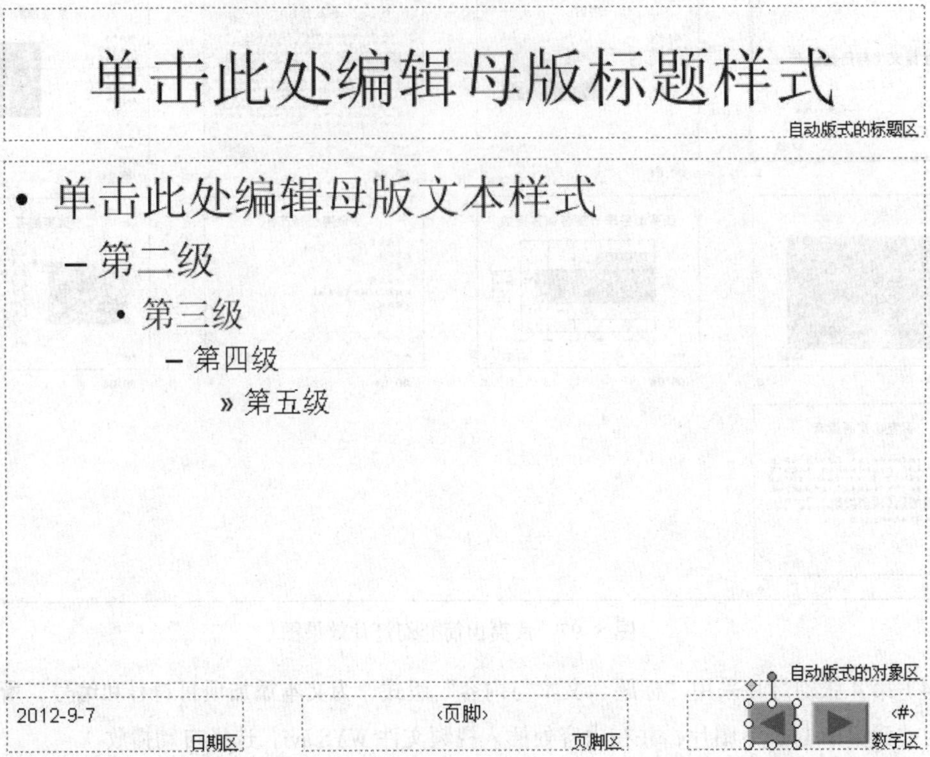

单击此处编辑母版标题样式
自动版式的标题区
• 单击此处编辑母版文本样式
– 第二级
• 第三级
– 第四级
» 第五级
自动版式的对象区
2012-9-7
日期区
‹页脚›
页脚区
‹#›
数字区

图 5-98 母版设置

普通高等院校
含义
范围
数量
211工程高等院校
1
含义
2
范围
3
数量
4
211工程高等院校
5
图书借阅统计图表
6

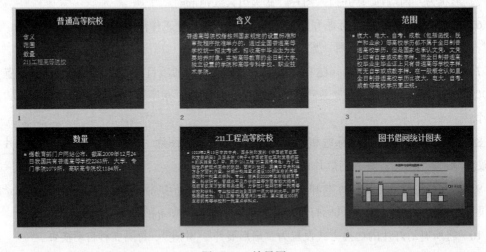

图 5-99 效果图

要求：

（1）将所有幻灯片应用设计模板 Stream.pot，并为第 1 张幻灯片的文本“211 工程高等院校”设置超链接，放映时单击链接到第 5 张幻灯片上。

（2）在幻灯片母版中设置：使放映时每隔 2 秒以中速、“横向棋盘式”自动切换每张幻灯片。

（3）为第 4 张幻灯片设置动画效果，将标题动画效果设置为：中速、左侧、按字母、飞入；

将正文内容动画效果设置为：慢速、左右向中央收缩、霹雳。

（4）在文稿末尾添加一张版式为"标题和图表"的幻灯片（成为第 6 张幻灯片），在标题框中输入：图书借阅统计图表，在图标框中导入 Excel 工作簿"图书借阅.xls"的"借阅统计"工作表，选择 A2:B8 区域数据建立三维簇状柱形图图表，图表的其他设置均取默认值。

3. 根据给定的素材，打开"海峡西岸经济去.ppt"文档，按任务要求，制作图 5-100 所示效果的幻灯片。

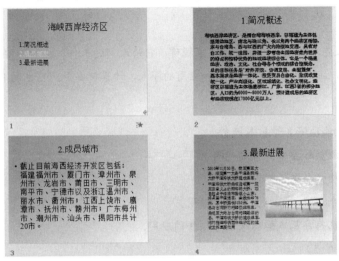

图 5-100　效果图

要求：

（1）将所有幻灯片的背景设置为颜色为"预设：雨后初晴"、低温样式为"斜上"的填充效果，并在第 1 张幻灯片的"成员城市"文本上设置超链接，使在放映时单击链接到第 3 张幻灯片。

（2）将第 4 张幻灯片的版式改为"标题、文本与内容"，并在内容框中插入"PTDQ.jpg"图片文件，图片大小为默认。

（3）为第 4 张幻灯片设置动画效果，将标题动画效果设置为：中速、内、菱形；将正文动画效果设置为：中速、扇形展开；将图片动画效果设置为：非常快、跨越、棋盘。并要求正文与图片动画效果同时进行。

（4）将第 1 张幻灯片的切换方式设置为"水平百叶窗"慢速展开，并在右下角插入声音文件"bgmusic.mid"，并将其设置为背景音乐（播放幻灯片过程中循环播放背景音乐，直到退出放映）。

模块六 ∥ Internet 应用与计算机安全

Internet 是人类文明史上的一个重要里程碑，它给人们的工作、生活、学习乃至思维带来了深刻的变革。同时，伴随网络技术的发展和应用的深入，计算机安全问题也越来越引起人们的关注。

目标要求

- 掌握 IP 地址、域名等基本概念。
- 掌握信息浏览和搜索引擎的使用。
- 掌握文献检索和电子邮件的收发。
- 了解网络个人空间、网上购物等应用。
- 掌握计算机病毒基本知识及杀毒软件的应用。

项目设置

- Internet 信息检索。
- 利用杀毒软件查杀计算机病毒。

项目一　Internet 信息检索

 **项目描述**

小张是一名计算机专业大四学生，他的毕业设计准备采用 JSP 和 SQL 技术设计一个网络考试系统。虽然小张已学习过相关课程，但实际系统开发经验不多，而且有些相关知识已经生疏了，他必须借助网络搜索功能查阅相关资料，同时指导老师将通过即时通讯工具如 QQ 或电子邮件与其经常沟通联系。

解决方案

为收集毕业设计相关资料，小张采用以下方案：

1）借助网页浏览器（如 Internet Explorer），通过搜索引擎或图书馆数据库，上网搜索、查阅相关资料，将有保存价值的资料保存到本地计算机或云盘中，以方便日后使用。

2）通过 QQ 或电子邮件与指导老师沟通联系。

任务涉及的主要知识点

1．计算机网络

计算机网络是指地理位置不同且具有独立功能的多台计算机及其外围设备,通过通信线路(有线或无线)和通信设备(路由器、交换机等)连接起来,在网络操作系统,网络管理软件及网络通信协议的管理和协调下,实现资源共享和信息传递的计算机系统。

建立计算机网络的基本目的是实现数据通信和资源共享,计算机网络的主要功能可归纳为资源(指计算机系统软件、硬件和数据资源)共享、数据通信、提高可靠性和分布式处理等。

从不同的角度出发,对计算机网络可以有多种分类方法。按计算机网络地理分布范围,可分为局域网(LAN)、城域网(MAN)和广域网(WAN)3 类,不同的局域网、城域网和广域网可以根据需要相互连接,形成规模更大的网络。例如,著名的 Internet 就是目前世界上最大的一个广域网。

常见网络传输介质包括有线(如同轴电缆、双绞线、光纤)和无线(如无线电波、微波、卫星、红外线)两类。

网络拓扑结构是指网络中计算机的连接方式。常见局域网拓扑结构有总线型结构、环形结构、星形结构、树形结构和网状结构。

网络协议是使网络中的通信双方能顺利进行信息交换而双方预先约定好并遵循的规程和规则。

2．Internet

Internet(因特网)是一个由全世界许许多多的网络互连组成的一个网络集合,它起源于 20世纪 60 年代的美国 ARPAnet。从网络通信技术的观点来看,Internet 是一个以 TCP/IP 协议连接全世界各个计算机网络的数据通信网,从信息资源的观点来看,Internet 是一个集各个领域、各个学科的各种信息资源为一体的、供网上用户共享的数据资源网。Internet 是一种公用信息的载体,是大众传媒的一种。它具有快捷性、普及性的特点,是现今最流行、最受欢迎的传媒之一。

3．IP 地址

在 Internet 上为每台计算机指定的唯一的地址称为 IP 地址。它是一个逻辑地址,其目的是屏蔽物理网络细节,使得 Internet 从逻辑上看起来是一个整体的网络。

1)IP 地址的格式

IP 地址采用分层结构,由网络地址和主机地址两部分构成,用以识别特定主机的位置信息。IP 地址的结构使人们可以在 Internet 上很方便地寻址,先按 IP 地址中的网络地址找到 Internet 中的一个物理网络,再按主机地址定位到这个网络中的一台主机。

TCP/IP 协议 IPv4 规定 IP 地址长 32 位二进制位,按每八位一组分为 4 个字节,每个字节对应一个 0~255 的十进制整数,数之间用点号分隔,形如×××.×××.×××.×××。例如,211.80.240.120(武夷学院主网站),这种格式的地址被称为"点分十进制"地址。

根据网络规模的大小,IP 地址可分为 A、B、C、D、E 共 5 类,其中 A、B、C 类地址为基本类地址，D 类为广播地址，E 类用于保留地址。

> ⊙ **说明**
>
> 　　下一代互联网络 IPv6 规定的 IP 地址长度为 128 位二进制位，拥有充足的地址量，是解决 IPv4 地址耗尽问题的根本途径。

　2）子网掩码

　　子网掩码也是一个 32 位二进制位的模式，其作用是识别子网和判别主机属于哪一个网络。当主机之间通信时，通过子网掩码与 IP 地址的逻辑与运算，可分离出网络地址，如果得出的结果是相同的，则说明这两台计算机处于同一个子网络上，可以进行直接通信。

　　A、B、C 类地址默认子网掩码分别是 255.0.0.0、255.255.0.0 和 255.255.255.0。

　4．域名系统

　　由于数字形式的 IP 地址难以记忆和理解，为此引入一种字符型的主机命名机制——域名系统，用来表示对应主机的 IP 地址。

　1）域名系统 DNS

　　域名系统主要由域名空间的划分、域名管理和地址转换 3 部分组成。

　　TCP/IP 采用分层结构方法命名域名，使整个域名空间形如一个倒立的分层树形结构，每个结点上都有一个名字。一台主机的名字就是该树形结构从树叶到树根路径上各个结点名字的一个序列，如图 6-1 所示。

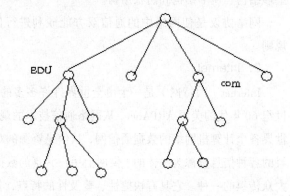

　　域名的写法类似于点分十进制的 IP 地址写法，用点号将各级子域名分隔开来，域的层次次序由右到左（即由高到低或由大到小），分别称为顶级域名、二级域名、三级域名等。典型的域名结构为主机名.单位名.机构名.国家名。

图 6-1　域名空间结构

　　例如，域名 www.wuyiu.edu.cn 表示中国（cn）教育机构（edu）武夷学院（wuyiu）校园网上的一台主机（www）。

　　Internet 上几乎在每一子域都设有域名服务器，服务器中包含有该子域的全体域名和对应 IP 地址信息。Internet 中每台主机上都有地址转换请求程序，负责域名与 IP 地址之间的转换。域名与 IP 地址的转换工作称为域名解析，整个过程是自动进行的。有了域名系统 DNS，凡域名空间中有定义的域名都可以有效地转换成 IP 地址，反之，IP 地址也可转换成域名。因此，用户可以等价地使用域名或 IP 地址。

　2）顶级域名

　　为了保证域名系统的通用性，Internet 规定了一些正式的通用标准，分为区域名和类型名两类。

区域名用两个字母表示世界各国和地区，如表 6-1 所示。

表 6-1 以国别或地区区分的域名

域	含 义	域	含 义	域	含 义
au	澳大利亚	gb	英国	nl	荷兰
br	巴西	hk	中国香港地区	nz	新西兰
ca	加拿大	in	印度	pt	葡萄牙
cn	中国	jp	日本	se	瑞典
de	德国	kr	韩国	sg	新加坡
es	西班牙	lu	卢森堡	tw	中国台湾省
fr	法国	my	马来西亚	us	美国

机构域名共有 14 个，如表 6-2 所示。

表 6-2 机构域名

域 名	意 义	域 名	意 义	域 名	意 义
com	商业类	edu	教育类	gov	政府部门
int	国际机构	mil	军事类	net	网络机构
org	非营利性组织	arts	文化娱乐	arc	康乐活动
firm	公司企业	info	信息服务	nom	个人
stor	销售单位	web	与 WWW 有关单位		

在域名中，除了美国的国家域名代码 us 可缺省外，其他国家的主机若要按区域型申请登记域名，则顶级域名必须先采用该国家的域名代码后再申请二级域名。按类型名登记域名的主机，其地址通常源自于美国（俗称国际域名，由美国商业部授权的国际域名及 IP 地址分配机构 ICANN 负责注册和管理）。例如，cernet.edu.cn 表示一个在中国登记的域名，而 163.com 表示该网络的域名是在美国登记注册的，但网络的物理位置在中国。

3）中国互联网络的域名体系

中国互联网络的域名体系顶级域名为 cn。二级域名共 40 个，分为类别域名和行政区域名两类，其中类别域名共 6 个，如表 6-3 所示。行政区域名 34 个，对应我国的各省、自治区和直辖市，采用两个字符的汉语拼音表示。例如，bj 表示北京市，sh 表示上海市，fj 表示福建省，hk 表示中国香港特别行政区等。

表 6-3 中国互联网络二级类别域名

域 名	意 义	域 名	意 义	域 名	意 义
ac	科研机构	edu	教育机构	net	网络机构
com	商业机构	gov	政府部门	org	非赢利性组织

中国互联网络信息中心 CNNIC 作为我国的国家顶级域名 cn 的注册管理机构，负责 cn 域名根服务器的运行。

5. 网络的连通性测试

网络配置好后，测试它是否畅通是十分必要的。通常可采用 Windows 中的 ping 命令来检查网络是否连通，其命令格式为"ping 目标计算机的 IP 地址或计算机名"。

常用的检测方法有 4 种。

1）检查本机的网络设置是否正常

有 4 种方法：

- Ping 127.0.0.1。
- Ping localhost。
- Ping 本机的 IP 地址。
- Ping 本机的计算机名。

2）检查本机与相邻计算机是否连通

命令格式如下：

Ping 相邻计算机的 IP 地址或计算机名

3）检查本机到默认网关是否连通

命令格式如下：

Ping 默认网关 IP 地址

4）检查本机到 Internet 是否连通

命令格式如下：

Ping Internet 上某台服务器的 IP 地址或域名

○说明

① Ping 命令自动向目标计算机发送一个 32 B 的测试数据包，并计算目标计算机的响应时间。该过程默认情况下独立进行 4 次，并统计 4 次的发送情况，响应时间低于 400 ms 为正常，超过 400 ms 则较慢。

② 如果 ping 返回 request time out 信息，意味着目标计算机在 1 s 内没有响应。若返回 4 个 request time out 信息，则说明该计算机拒绝 ping 请求。

③ 在局域网内执行 ping 不成功，可能故障出现在以下几个方面：网络是否连通、网卡配置是否正确、IP 地址是否可用等；如果 ping 成功而网络无法使用，则问题可能出在网络系统的软件配置方法上。

6. WWW 服务

1）WWW 概念

World Wide Web 简称 WWW 或 Web，也称万维网，它不是普通意义上的物理网络，而是一种信息服务器的集合标准，是 Internet 的一种具体应用。

网页：在浏览器中显示的页面，用于展示 Internet 中的信息。

网站：是若干相关网页的集合，网站包括一个主页和若干个子页面，主页就是一个 Web 站点的首页，是网站的门户，通过主页可以打开网站的其他网页。

2）超文本传输协议

超文本传输协议（HTTP）是一个专门为 WWW 服务器和浏览器之间交换数据而设计的网络协议，其通过统一资源定位器（URL）使浏览器与各 WWW 服务器的资源建立链接关系，并通过客户机与服务器彼此互发信息的方式进行工作。

超链接是指从文本、图形或图像映射到其他网页或网页本身特定位置的指针。

3）统一资源定位器

为使客户端能找到位于整个 Internet 范围的某个信息资源，WWW 系统使用"统一资源定位器（URL）"规范。URL 由 4 部分组成：资源类型、存放资源的主机域名、端口号、资源文件名，如图 6-2 所示。

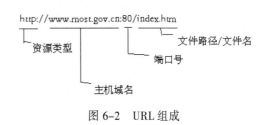

图 6-2　URL 组成

○**说明**

① 资源类型：表示客户机和服务器执行的传输协议，如 HTTP、HTTPS 等，若是使用默认的 HTTP 传输协议，资源类型可以省略，否则不能省略。

② 主机域名：提供此服务的计算机域名。

③ 端口号：是一种特定服务的软件标识，用数字表示。一台拥有 IP 地址的主机可以提供许多服务，如 Web 服务、FTP 服务等，主机通过"IP 地址+端口号"区分不同的服务。某一特定服务的端口号通常是默认的，如 WWW 服务使用 80 端口，FTP 服务使用 21 端口，一般可以省略；但若某一特定服务使用非默认端口，则必须指出其端口号。

④ 文件路径/文件名：网页在 Web 服务器中的位置和文件名，若省略表示将定位于 Web 站点的主页。

4）信息浏览

在 WWW 上需要使用浏览器来浏览网页，常用的浏览器软件有 Internet Explorer、Firefox 等。浏览信息时，只要在浏览器的地址栏中输入相应的 URL 即可。

浏览网页时，可以用不同方式保存整个网页，或保存其中的部分文本、图形图像等内容。保存当前网页，可以选择"文件"→"另存为"命令，弹出"保存网页"对话框，指定目标文件的存放位置、文件名和保存类型即可。其中保存类型有以下几种：

（1）网页，全部：保存整个网页，包括页面结构、图片、文本和超链接信息等，页面中的嵌入文件被保存到一个和网页文件同名的文件夹中。

（2）Web 档案，单一文件：将整个网页的图片和文字封装在一个.mht 文件中。

（3）网页，仅 HTML：仅保存当前页的提示信息，如标题、所用文字编码、页面框架等信息。

（4）文本文件：只保存当前页的文本。

如果要保存页面中的图像或动画，可右击要保存的对象，在弹出的快捷菜单中选择相应的命令。

7. 搜索引擎

搜索引擎是用来搜索网上资源，提供所需信息的工具。它通过分类查询方式或主题查询方式获取特定的信息，当用户查找某个关键词时，所有的页面内容中包含了该关键词的网页都将作为搜索结果被展示出来。在经过复杂的算法排序后，将结果按照与搜索关键词的相关性依次排列，呈现给用户的是到达这些网页的超链接。常见搜索引擎如表 6-4 所示。

表 6-4　常见搜索引擎

搜索引擎名称	URL 地址	说　　明
百度	http://www.baidu.com	全球最大的中文搜索引擎
Google	http://www.google.cn	全球最大的搜索引擎
中国雅虎全能搜索	http://www.yahoo.cn	一个涵盖全球 120 多亿网页的强大数据库
搜狗	http://www.sogou.com	搜狐公司推出的全球首个第三代互动式中文搜索引擎
SOSO	http://www.soso.com	QQ 推出的独立搜索网站
有道	http://www.yodao.com	网易自主研发的搜索引擎

各搜索引擎的能力和偏好不同，所搜索到的网页也不尽相同，排序算法也各不相同。使用不同搜索引擎的重要原因，就是因为它们能分别搜索到不同的网页。

8. 文献检索

文献检索是指依据一定的方法，从已经组织好的大量有关文献集合中，查找并获取特定相关文献的过程。

各高校图书馆陆续引进了一些大型文献数据库，如国内的万方数据库、维普中文科技期刊数据库等，这些电子资源以镜像站点的形式链接在校园网上供校内师生使用，各学校通常采用 IP 地址控制访问权限，在校园网内登录时无需账号和密码。

为了满足广大师生查阅各种数字化文献的需要，我国还建立了中国高等教育文献保障系统（http://www.calis.edu.cn），把国家的投资、现代图书馆的理念、先进的技术手段、高校丰富的文献资源和人力资源结合起来，实现信息资源的共建、共知、共享。

9. 电子邮件

电子邮件（E-mail）是 Internet 提供的一项基本服务，是一种应用计算机网络进行信息传递的现代化通信手段。

每个电子邮箱都有唯一的邮件地址，邮件地址的形式为"邮箱名@邮箱所在的主机域名"，例如，jsjjc@wuyiu.edu.cn，邮箱所有的主机是 wuyiu.edu.cn。

10. 腾讯 QQ

腾讯 QQ（简称 QQ）是腾讯公司开发的一款基于 Internet 的即时通信（IM）软件。腾讯 QQ 支持在线聊天、视频聊天、语音聊天、点对点断点续传文件、共享文件、网络硬盘、自定义面板、QQ 邮箱等多种功能，并可与移动通讯终端等多种通讯方式相连。

腾讯 QQ 是中国目前使用最广泛的聊天软件之一，同时在线用户数突破两亿人次，人们不再把 QQ 仅仅看作是"孩子们的玩具"——这个聚集着大量潜在客户的平台，同时意味着可能兑换为现实资产的无形财富。

11. 云盘

云盘是互联网存储工具，是互联网云技术的产物，它通过互联网为企业和个人提供信息的存储、读取和下载等服务。云盘相对于传统的实体磁盘来说更方便，用户不需要把存储重要资料的实体磁盘带在身上，却一样可以通过互联网轻松地从云端读取自己所存储的信息。云盘具有安全稳定、海量存储、友好共享等特点。

比较知名而且好用的云盘服务商有百度云盘、360 云盘、金山快盘等。

12. 云笔记

云笔记是一款跨平台的简单快速的个人记事备忘工具，通过登录云笔记网站可在浏览器上直接编辑管理个人记事，实现与移动客户端的高效协同操作。

常见的云笔记有：有道云笔记、Evernote、麦库记事、wiz 笔记等。

任务实现过程

1. Internet 资料搜索

1）浏览网页，打开搜索引擎

打开浏览器（如 IE 浏览器），在地址栏中输入网站或网页的网址（如百度网址 http://www.baidu.com）打开网站主页。

2）搜索相关资料

在百度搜索栏中输入搜索关键字（如"JSP 编程"），并打开搜索结果页面链接。

> **● 说明**
>
> ① 如果搜索结果太多，范围太大，可再添加搜索词以进一步缩小搜索范围，要搜索的关键词之间用空格隔开。若要将文章标题或名言作为整体搜索，只要在其两边加上英文双引号即可。
>
> ② 若要搜索包含"JSP 编程"的 Word 文档，可在搜索栏中加注所要搜索的文件类型（filetype），即输入"JSP 编程 filetype:doc"。Google 可搜索 Word 文档（doc）、幻灯片文档（ppt）、PDF 文档（pdf）、PS 文档（ps）、Flash 文档（swf）等。

3）收藏夹的使用

对于经常需要访问的网页，可将网页链接的快捷方式添加到收藏夹中（在浏览器菜单栏中选择"收藏"→"添加到收藏夹"命令），使用时选择相关网页名即可快速打开该网页。

> **● 说明**
>
> ① 收藏夹是一个特殊的文件夹，收藏夹中保存被添加的网页快捷方式。另外，收藏夹中还可以创建子文件夹，整理收藏夹的方法类似于整理普通的文件夹和文件。
>
> ② 基于浏览器收藏夹所收藏网页只限于某台机器上使用，网络收藏服务能够为您提供随时随地的个性化收藏夹服务。如"百度搜藏"就是一款免费的网络收藏夹，使用百度账号，可以帮用户高效地收藏、整理各种网页、文档等各种网络资源，随时随地享受百度搜藏带来的个性化收藏夹服务。

4）网页的保存

选择"文件"→"另存为"命令，弹出"另存为"对话框，注意"保存类型"的选择，并比较它们的不同。图片保存的方法是先选中图片后，单击鼠标右键→"图片另存为"。

5）设置浏览器（如 IE）主页

为方便浏览某一主页，可将其设置为 IE 浏览器的主页，这样，每次启动 IE 时，即可默认打开此网页。

选择"工具"→"Internet 选项"命令，弹出"Internet 选项"对话框，在"常规"选项卡中即可完成设置，如图 6-3 所示。

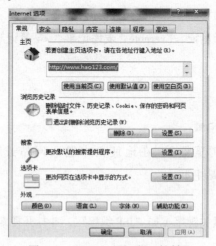

图 6-3　"Internet 选项"对话框

2．图书馆文献资料搜索

进入某高校图书馆网站（如武夷学院图书馆 http://lib.wuyiu.edu.cn，外网访问相应数据库时需要账号和密码）。

1）纸质图书的借阅

在武夷学院图书馆主页"快速通道"处单击"查找图书"超链接，进入"妙思文献集成管理WWW"检索平台，并按平台界面提示进行相关搜索。例如，搜索题名中包含"JSP"关键字的中文图书，如图 6-4 所示。单击"检索"按钮进入文献检索列表，按提示找到所需的在馆纸质图书，并记下图书分类号及分配地址，即可进入图书馆快速地借阅到所需纸质图书。

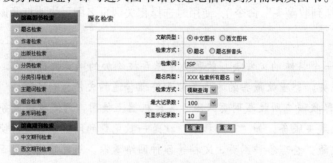

图 6-4　妙思文献集成管理 WWW 检索平台

2）电子文献的搜索

在图书馆主页单击"数字资源"超链接选择某一数据库（如维普期刊），进入相应数据库搜索平台，如图 6-5 所示，并按提示查找或下载所需电子文献资源。

图 6-5　维普期刊资源整合服务平台

3. 利用 QQ 工具与导师沟通联系

1）QQ 下载与安装

打开浏览器，登录腾讯官网（http://im.qq.com），并进入下载页面，选择适合版本（如 QQ5.1）下载并保存到本地磁盘。双击刚下载的 QQ 安装文件（QQ5.1.exe），进入安装界面并按提示操作即可轻松完成安装。

2）登录 QQ 号码

启动 QQ，显示图 6-6 所示的登录窗口，输入 QQ 号（若无 QQ 号码，须先注册申请 QQ 号码）及密码，单击"登录"按钮。

3）QQ 主界面

登录成功后，出现主界面，如图 6-7 所示。

图 6-6　QQ 登录窗口

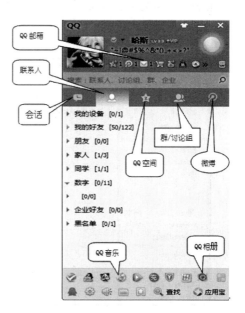

图 6-7　QQ 主界面

4）信息交流

双击好友头像或右击好友头像选择"发送即时消息"即可进入会话窗口（见图6-8），可根据需要选择与好友进行信息内容交流、视频通话、语音通话、文件传送（在线式、离线式）和远程桌面（邀请对方远程协助）等操作。

图6-8　QQ会话窗口

5）QQ邮箱使用

在QQ主界面单击"QQ邮箱"按钮进入QQ邮箱。

写信并发送：单击"写信"按钮，在打开页面中输入收件人邮件地址、邮件主题及邮件内容，单击"上传附件"可为邮件添加附件，单击"发送"按钮即可将邮件发送给指定收件人，如图6-9所示。

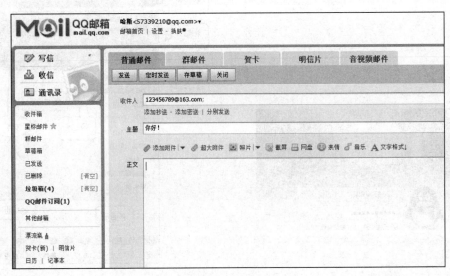

图6-9　发送邮件

邮件查看：单击"收信"按钮，在打开的页面单击要阅读的邮件链接，打开邮件并阅读邮件内容。如果邮件包含附件，网页将显示附件的名称、大小。单击附件名称可弹出"文件下载"对话框，单击"打开"或"保存"按钮，可将附件打开或保存到计算机中。如果邮件包含多个附件，则可单击"全部下载"按钮，下载全部附件。

此外，还可进行邮件回复、邮件删除、联系人管理等操作。

项目二　利用杀毒软件查杀计算机病毒

 **项目描述**

随着计算机及网络技术的发展，人们的日常工作变得越来越方便，但伴随而来的计算机安全问题（如计算机病毒、木马、黑客等）也越来越引起人们的注意。随着因特网的流行，有些计算机病毒借助网络，其传播速度更快、危害性更大。使用杀毒软件可以对计算机进行实时监控，可以预防病毒的入侵，也可对已经感染了病毒的计算机进行查杀。

解决方案

（1）安装杀毒软件。

（2）利用杀毒软件进行杀毒。

项目涉及的主要知识点

1．计算机病毒基本知识

1）计算机病毒的定义及特点

概括来讲计算机病毒就是具有破坏作用的程序或一组计算机指令。在《中华人民共和国计算机信息系统安全保护条例》中的定义是：计算机病毒是指编制或在计算机程序中插入的破坏计算机功能或者数据，影响计算机使用并且能够自我复制的一组计算机指令或者程序代码。

计算机病毒与一般计算机程序相比，具有以下几个主要特点：

（1）破坏性：其破坏性通常表现为占用系统资源、破坏程序或数据、影响系统运行、网络服务中断甚至整个系统瘫痪乃至硬件损坏等。

（2）传染性：计算机病毒一般都具有自我复制功能，并能将自身不断复制到其他文件内，达到不断扩散的目的，尤其在网络时代，更是通过 Internet 中网页的浏览和电子邮件的收发而迅速传播。

（3）隐蔽性：计算机病毒通过将自身附加在其他可执行的程序体内，或者隐藏在磁盘中较隐蔽处，或者将自己改名为系统文件名，不通过专门的查杀毒软件，一般很难发现它们。

（4）可触发性：计算机病毒是指计算机的硬盘上有病毒程序存在，虽然计算机上存在病毒，但只要病毒程序不被执行，病毒就不会起作用，也就是说用户可以"与毒共舞"。当用户启动计算机，或打开感染了病毒的程序或文件，或点击恶意网页，或病毒的其他触发条件满足时（不同的病毒其触发机制也不相同），病毒代码才会被执行。一旦病毒程序被执行，病毒就会进入到活动状态（一般驻留在内存中，多数情况下在任务管理器的进程页中可以找到相应的病毒进程），然后病毒开始伺机传染与破坏，如复制病毒代码至其他文件或磁盘、U 盘等，或通过网络传播到其他计算机，破坏用户的数据，占用系统的资源，窃取用户的机密信息等，如图 6-10 所示。

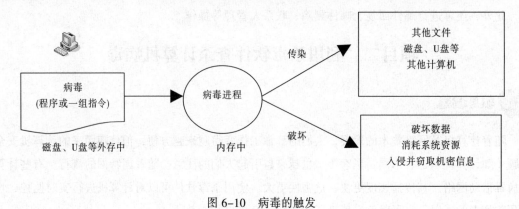

图 6-10　病毒的触发

2）计算机病毒的分类

在 Internet 普及以前，病毒攻击的主要对象是单机环境下的计算机系统，一般通过软盘或光盘来传播，病毒程序大都寄生在文件内，这种传统的单机病毒现在仍然存在并威胁着计算机系统的安全，随着网络的出现和 Internet 的迅速普及，计算机病毒也呈现出新的特点。在网络环境下病毒主要通过计算机网络来传播，病毒程序一般利用了操作系统中存在的漏洞，通过电子邮件附件或恶意网页浏览等方式来传播。

（1）传统单机病毒。根据病毒寄生方式的不同，传统单机病毒又分为 4 种主要类型。

① 引导型病毒。引导型病毒感染软盘的引导扇区（0 面 0 磁道第 1 个扇区）和感染硬盘的主引导记录（0 柱面 0 磁道第 1 个扇区）或引导扇区，用病毒的全部或部分逻辑取代正常的引导记录，而将正常的引导记录隐藏在磁盘的其他地方，系统一启动，病毒就获得了控制权。如"小球病毒"是我国 1989 年 4 月首次报道的引导型病毒，病毒发作时屏幕上会出现一个上下来回跳动的小球。

② 文件型病毒。通过文件系统进行感染的病毒称作文件型病毒。它一般感染可执行文件（EXE、COM、OVL、DLL、VXD 和 SYS 文件等），病毒寄生在可执行程序体内，只要程序被执行，病毒也就被激活。有一些文件型病毒可以感染高级语言程序的源代码、开发库和编译生成的中间代码。如"CIH 病毒"主要感染 Windows95/98 下的可执行文件，病毒会破坏计算机硬盘或改写某些型号主板上的基本输入/输出系统（BIOS），导致系统主板故障。

③ 宏病毒。宏病毒其实也是一种文件型病毒，与一般的文件型病毒不同的是，宏病毒使用宏语言编写，一般存在于 Office 文档中，利用宏语言的功能将自己并且繁殖到其他 Office 文档中。当用户打开带有宏病毒的 Word 文件时，病毒就会被执行并驻留在 Normal 模板上，当 Word 再次启动时就会自动装入宏病毒并执行。一旦用户打开或保存文件，病毒就会附加在新打开或新保存

的文件中，宏病毒还可以搜索所有最近打开的文档，然后将它们全部感染。如"台湾 1 号宏病毒（Taiwan NO.1）"就是一个感染 Word 文档的宏病毒，在每月 13 日，当用户打开一个带毒的 Word 文档或模板时，病毒就会发作，提示用户做一个心算题，如果做错，就会无限制地打开文件，直至内在不够出错为止。

④ 混合型病毒。混合型病毒是指既感染可执行文件又感染磁盘引导记录的病毒，只要中毒，计算机一启动病毒就会发作，然后通过可执行程序来感染其他程序文件。

（2）现代网络病毒。根据网络病毒破坏性质的不同，一般将其分为以下两大类：

① 蠕虫病毒。蠕虫是一种通过网络（利用系统漏洞，通过电子邮件、在线聊天或局域网中的文件共享等途径）进行传播的恶性病毒，其实质上是一种计算机程序，通过网络连接不断传播自身的副本（或蠕虫的某些部分）到其他计算机，这样不仅消耗了大量的本机资源，而且占用了大量的网络带宽，导致网络堵塞而使网络服务被拒绝，最终造成整个网络系统的瘫痪。如"冲击波病毒（Worm.MSBlast）"，感染该病毒的计算机会莫名其妙地死机或重新启动，IE 浏览器不能正常地打开链接，不能进行复制、粘贴操作，有时还会出现应用程序异常，如 Word 无法正常使用，上网速度变慢等。

② 木马病毒。特洛伊木马（Trojan Horse）原指古希腊士兵藏在木马内进入敌方城市从而攻占城市的故事。木马病毒实质上也是一段计算机程序，它由客户端（一般由黑客控制）和服务器端（隐藏在感染了木马的用户计算机上）两部分组成，服务器端的木马程序会在用户计算机上打开一个或多个端口与客户端进行通信，这样黑客就可以窃取用户计算机上的账号和密码等机密信息，甚至可以远程控制用户的计算机，如建立或删除文件、修改注册表、更改系统配置等。

2. 计算机病毒的防治

计算机病毒已经泛滥成灾，几乎无孔不入，同时病毒在网络中的传播速度越来越快，其破坏性越来越强，为此必须了解必要的病毒防治方法和技术手段，尽可能做到防患于未然。计算机病毒防治的关键在于预防，首先要在思想上予以足够的重视，采取"预防为主、防治结合"的方针。

1）计算机病毒的预防

（1）打补丁。由于计算机病毒的传播大多利用了操作系统中存在的安全漏洞，为此应该定期更新操作系统，安装相应的补丁程序。

（2）安装杀毒软件。一般可以利用杀毒软件清除计算机中已有的病毒程序，利用实时监控功能监控所有打开的磁盘文件、从网络上下载的文件或收发的邮件等，一旦检测到计算机病毒，会立即给出警报提醒用户并采取相应的防护措施。

（3）安装防火墙。防火墙可以监控进出计算机的信息，保护计算机的信息不被非授权用户访问、非法窃取或破坏等。

（4）切断病毒入侵的途径：

- 不运行来历不明的程序。
- 不安装来源不清的插件程序。
- 不随便单击具有诱惑性的恶意网页，不随意单击聊天软件发送来的超链接。

- 不随意打开来历不明的电子邮件及附件，外来磁盘使用前先查毒，尽量不使用 U 盘的自动打开功能。
- 不使用盗版游戏软件、关闭局域网下不必要的文件共享功能、及时关闭 P2P 下载软件等。

2）计算机病毒的清除

如果计算机感染了病毒，病毒发作以后一般会出现一些异常现象，例如：

- 计算机响应速度明显变慢。
- 某些软件不能正常使用。
- 浏览器中输入的访问地址被重定向到其他网站，浏览网页时不断弹出某些窗口等。
- 文件操作出现异常：文件被破坏打不开、文件不允许删除、文件夹打不开等。
- 不能正常使用某些设备：如屏幕显示异常、键盘按键紊乱、打印机总显示缺纸等。
- 计算机出现异常：莫名其妙地死机或不断重启等。

一旦怀疑计算机感染了病毒，可利用一些反病毒公司提供的"免费在线查毒"功能或杀毒软件尽快确认计算机系统是否感染了病毒，如有病毒应将其彻底清除，一般有以下几种清除病毒的方法。

（1）使用杀毒软件。使用杀毒软件来检测和清除病毒，用户只需按照提示来操作即可完成，简单方便，常用的杀毒软件有：瑞星杀毒软件、金山毒霸、诺顿防毒软件、江民杀毒软件。

◎ 说明

① 若内存中已经存在病毒进程，杀毒软件一般无法清除这样的病毒。由于这些病毒是在计算机启动时就自动被执行了，所以应打开任务管理器进程页，首先终止病毒进程，然后再进行杀毒。但是有些病毒进程即使被终止了，它还会不断地自动创建，这种情况下就必须通过其他工具软件将病毒进程彻底杀死再杀毒，如超级兔子魔法设置、wsyscheck 等免费的系统检测维护工具软件。

② 由于病毒的防治技术总是滞后于病毒的制作，所以并不是所有病毒都能得以马上清除，如果杀毒软件暂时还不能清除该病毒，一般会将该病毒文件隔离起来，以后升级病毒库时将提醒用户是否继续该病毒的清除。

（2）使用专杀工具。现在一些反病毒公司的网站上提供了许多病毒专杀工具，用户可以免费下载这些专杀工具对某种特定病毒进行清除。

◎ 说明

杀毒软件是针对所有病毒的，体积大、运行时间长，一般病毒库的更新滞后于病毒的发现；专杀工具是针对某种特殊病毒的，体积小、运行时间短，一般在某个新病毒发现时抢先发布，以便尽快控制病毒蔓延。

（3）手动清除病毒。这种清除方法要求操作者具有一定的计算机专业知识，利用一些工具软件找到感染病毒的文件，手动清除病毒代码。一般用户不适合采用此方法。

3. 防火墙

网络安全系统中的防火墙是位于计算机与外部网络之间或内部网络与外部网络之间的一道安全屏障，其实质就是一个软件或者是软件与硬件设备的组合。

防火墙的主要功能包括：用于监控进出内部网络或计算机的信息，保护内部网络或计算机的信息不被非授权访问、非法窃取或破坏，过滤不安全的服务，提高企业内部网的安全，并记录了内部网络或计算机与外部网络进行通信的安全日志（如通信发生的时间和允许通过的数据包和被过滤掉的数据包信息等），还可限制内部网络用户访问某些特殊站点，防止内部网络的重要数据外泄等。

防火墙可分为个人防火墙或企业级防火墙，其中企业级防火墙功能较为复杂。

4．上网文明公约

要关于网上学习、不浏览不良信息；

要诚实友好交流，不侮辱欺诈他人；

要增强自护意识，不随意约会网友；

要维护网络安全，不破坏网络秩序；

要有益身心健康，不沉溺虚拟时空。

 项目实现过程

1．下载杀毒软件（以瑞星杀毒软件为例）

打开浏览器，登录瑞星官网（http://www.rising.com.cn），进入瑞星杀毒软件下载页面下载安装文件到本地磁盘。

2．软件安装

双击瑞星杀毒软件安装文件 ravf.exe，进入安装界面并按提示操作即可完成安装。

3．软件使用

启动瑞星杀毒软件，进入主界面，如图 6-11 所示，即可使用瑞星杀毒软件的病毒查杀和电脑防护等功能。

图 6-11　瑞星杀毒软件工作界面

课 后 练 习

一、选择题

1. 广域网的英文缩写为（　　　）。

 A．LAN   B．WAN   C．ISDN   D．MAN

2. DNS 是指（　　　）。

 A．域名服务器   B．发信服务器   C．收信服务器   D．邮箱服务器

3. TCP/IP 协议 IPv4 规定的 IP 地址由一组（　　　）的二进制数字组成。

 A．8 位   B．16 位   C．32 位   D．64 位

4. 关于防火墙作用与局限性的叙述，错误的是（　　　）。

 A．防火墙可以限制外部对内部网络的访问

 B．防火墙可以有效记录网络上的访问活动

 C．防火墙可以阻止来自内部的攻击

 D．防火墙会降低网络性能

5. 在同一幢办公楼连接的计算机网络是（　　　）。

 A．互联网   B．局域网   C．城域网   D．广域网

6. 调制解调器（Modem）的功能是实现（　　　）。

 A．模拟信号与数字信号的相互转换

 B．数字信号转换成模拟信号

 C．模拟信号转换成数字信号

 D．数字信号放大

7. 目前 Internet 普遍采用的数据传输方式是（　　　）。

 A．电路交换   B．电话交换   C．分组交换   D．报文交换

8. 20 世纪 80 年代，国际标准化组织 ISO 颁布了（　　　），促进了网络互连的发展。

 A．TCP/IP   B．OSI/RM   C．FTP   D．SMTP

9. 与广域网相比，关于局域网特点的描述错误的是（　　　）。

 A．用户操作方便   B．较低的误码率

 C．较小的地理范围   D．覆盖范围在几千米之内

10. 以下不属于 OSI 参考模型 7 个层次的是（　　　）。

 A．会话层   B．数据链路层   C．用户层   D．应用层

11. 在网络互连中，实现网络层互连的设备是（　　　）。

 A．中继器   B．路由器   C．网关   D．网桥

12. IP 是 TCP/IP 体系中的（　　　）协议。

 A．网络接口层   B．网络层   C．传输层   D．应用层

13. 下列传输速率快、抗干扰性能最好的有线传输介质是（　　　）。

　　A. 双绞线　　　　　B. 同轴电缆　　　　C. 光纤　　　　　D. 微波

14. 网卡是构成网络的基本部件，网卡一方面连接局域网中的计算机，另一方面连接局域网中的（　　　）。

　　A. 服务器　　　　　B. 工作站　　　　　C. 主机　　　　　D. 传输介质

15. Internet Explorer 是（　　　）。

　　A. 拨号软件　　　　B. Web 浏览器　　　C. HTML 解释器　　D. Web 页编辑器

16. Internet 上的 www 服务基于（　　　）协议。

　　A. HTTP　　　　　B. FTP　　　　　　C. SMTP　　　　　D. TOP3

17. 计算机网络最突出的优点是（　　　）

　　A. 运算速度快　　　B. 存储容量大　　　C. 运算容量大　　　D. 可以实现资源共享

18. 网络类型按通信范围分（　　　）。

　　A. 局域网、以太网、广域网　　　　　　B. 局域网、城域网、广域网

　　C. 电缆网、城域网、广域网　　　　　　D. 中继网、城域网、广域网

19. 下列关于 Windows 共享文件夹的说法中，正确的是（　　　）。

　　A. 在任何时候在文件菜单中可找到共享命令

　　B. 设置成共享的文件夹的图标无变化

　　C. 设置成共享的文件夹的图标下有一个箭头

　　D. 设置成共享的文件夹的图标下有一个上托的手掌

20. 交流双方为了实现交流而设计的规则称为（　　　）。

　　A. 体系结构　　　　B. 协议　　　　　　C. 网络拓扑　　　D. 模型

21. 电子信箱地址的格式是（　　　）。

　　A. 用户名@主机域名　　　　　　　　　B. 主机名@用户名

　　C. 用户名.主机域名　　　　　　　　　　D. 主机域名.用户名

22. 从网址 www.wuyiu.edu.cn 可以看出它是中国的一个（　　　）站点。

　　A. 商业部门　　　　B. 政府部门　　　　C. 教育部门　　　D. 科技部门

23. 下列 IP 中属于 C 类地址的是（　　　）。

　　A. 125.54.21.3　　B. 193.66.31.4　　C. 129.57.57.96　　D. 240.37.59.62

24. 使用浏览器访问 Internet 上的 Web 站点时，看到的第一个画面称为（　　　）。

　　A. 主页　　　　　　B. WEB 页　　　　　C. 文件　　　　　D. 图像

25. HTML 的中文名是（　　　）。

　　A. WWW 编程语言　　　　　　　　　　B. Internet 编程语言

　　C. 超文本标记语言　　　　　　　　　　D. 主页制作语言

26. 计算机病毒的实质是一种（　　　）。

A. 脚本语言　　　　B. 生物病毒　　　　C. ASCII 码　　　　D. 计算机程序

27. 计算机病毒不具有以下（　　　）特点。

A. 破坏性　　　　B. 传染性　　　　C. 免疫性　　　　D. 潜伏性

28. 网络病毒主要通过（　　　）途径传播。

A. 电子邮件　　　　B. 软盘　　　　C. 光盘　　　　D. Word 文档

29. 感染（　　　）以后，用户的计算机有可能被别人控制。

A. 文件型病毒　　　B. 蠕虫病毒　　　C. 引导型病毒　　　D. 木马病毒

30. 防火墙的功能不包括（　　　）。

A. 记录内部网络或计算机与外部网络进行通信的安全日志

B. 监控进出内部网络或计算机的信息，保护其不被非授权访问、非法窃取或破坏。

C. 可以限制内部网络用户访问某些特殊站点，防止内部网络的重要数据外泄

D. 完全防止传送已被病毒感染的文件

31. 关于如何防范针对邮件的攻击，下列说法中错误的是（　　　）。

A. 拒绝垃圾邮件

B. 不随意单击邮件中的超链接

C. 不轻易打开来历不明的邮件

D. 拒绝国外邮件

32. 下列关于计算机病毒认识不正确的是（　　　）。

A. 计算机病毒是一种人为的破坏性程序

B. 计算机被病毒感染后，只要用杀毒软件就能清除全部的病毒

C. 计算机病毒能破坏引导系统和硬盘数据

D. 计算机病毒也能通过下载文件或电子邮件传播

33. 在因特网上，一台计算机可以作为另一台主机的远程终端，使用该主机的资源，该项服务称为（　　　）。

A. Telnet　　　　B. BBS　　　　C. FTP　　　　D. WWW

34. 下列不属于 Internet 应用的是（　　　）。

A. E-mail　　　　B. FTP　　　　C. WWW　　　　D. LAN

35. 用户在浏览网页时，可以通过（　　　）进行跳转。

A. 鼠标　　　　B. 导航文字或图标　　　C. 多媒体　　　　D. 超级链接

36. 下列病毒中属于"网络木马（Trojan）"类型的是（　　　）。

A. 尼姆达　　　　B. 黑色星期五　　　C. 熊猫烧香　　　D. 红色代码

37. 在计算机网络中，通常把提供并管理共享资源的计算机称为（　　　）。

A. 服务器　　　　B. 工作站　　　　C. 网关　　　　D. 网桥

38. Internet 是世界最大的计算机互联网，也是重要的（　　　）。

    A. 多媒体网络　　　B. 办公网络　　　　　C. 信息资源库　　　D. 销售网络

39. 无线网络与有线网络最大的不同点在于（　　　）。

    A. 作用不同　　　　B. 传输媒介不同　　　C. 用户类型不同　D. 费用不同

40. 下列关于 E-mail 叙述中，正确的是（　　　）。

    A. 在发送电子邮件时，对方的计算机必须打开

    B. 电子邮件是直接发送到对方的计算机

    C. 每台计算机只能有一个 E-mail 账号

    D. 电子邮件中可能带有计算机病毒

二、实践操作题

1. 通过搜索引擎查找以下单位网址。

（1）中华人民共和国教育部：_____。

（2）中国科学院：_____。

（3）北京大学：_____。

2. 利用搜索引擎网站检索关键字为既含有"武夷山"又含有"茶叶"的网页信息，并进一步在检索结果中搜索含有"质量"的网页信息。

3. 利用电子地图查找北京天安门广场至清华大学南门的公共交通线路，结果如图 6-12 所示。

图 6-12　公共交通线路

4. 访问武夷学院数字图书馆。

（1）在 CNKI 数据库中，找到 2006 年在《计算机工程》杂志第二期发表的"视频点播系统的

设计与实现"论文，以 CAJ 格式下载并保存到用户个人目录中。

（2）查找书名包含"数据挖掘"的所有馆藏中文图书清单，并以"图书清单.doc"保存到用户个人目录中。

5．电子邮件。

（1）申请免费邮箱。

可以通过下列网站申请免费邮箱：网易（www.163.com）、新浪（www.sina.com.cn）、雅虎（www.yahoo.cn）、搜狐(www.sohu.com)。

（2）发送电子邮件到指定邮箱。

要求：有标题、有附件（保存在用户个人目录中的某一文件），并将邮件抄送给另一位同学。

6．练习使用 Windows 操作系统自带防火墙的设置。

（操作提示：选择"开始"→"控制面板"命令，打开"控制面板"窗口，单击"Windows 防火墙"超链接。）

7．使用 ping 命令检查连通性。

（1）使用 ipconfig/all 观察本地网络设置。

（2）ping 127.0.0.1，检查本地 TCP/IP 协议有无设置好。

（3）ping 本机地址，检查本机的 IP 地址是否设置有误。

（4）ping 本网网关，检查本机与本地网络连接是否正常。

（5）ping 远程 IP 地址，检查本网或本机与外部的连接是否正常。

8．注册淘宝网会员，体验网上购物。

⊙ 说明

① 网上购物和网上开店都属于电子商务范畴，是指交易参与人利用互联网和其他现代信息技术所进行的各类商贸活动等。电子商务一般可分为企业对企业（B2B）、企业对消费者（B2C）和消费者对消费者（C2C）3 种模式。不管以哪种方式购物，都会要求用户先注册一个账户，然后再用该账号登录，再依次选择要购买的商品，选择支付和配送方式，提交订单并确认，即可购物成功。

② 支付宝是支付宝公司针对网上交易而特别推出的安全付款服务。在网上购物时，货款并没有直接付给卖家，而是先由支付宝公司代管，在买家收到货物并确认后，才由支付宝公司转给卖家。